无公害农产品标准化生产技术指南

段大海　主编

U0306048

中国农业出版社

图书在版编目（CIP）数据

无公害农产品标准化生产技术指南／段大海主编．
—北京：中国农业出版社，2016.12
ISBN 978-7-109-22646-3

I.①无… Ⅱ.①段… Ⅲ.①农产品－无污染技术－
标准化－指南　Ⅳ.①S3-65

中国版本图书馆 CIP 数据核字（2016）第 320096 号

中国农业出版社出版
（北京市朝阳区麦子店街 18 号楼）
（邮政编码 100125）
责任编辑　刘　伟　冀　刚
───────────────
中国农业出版社印刷厂印刷　　新华书店北京发行所发行
2016 年 12 月第 1 版　　2016 年 12 月北京第 1 次印刷
───────────────
开本：850mm×1168mm　1/32　印张：6.125
字数：150 千字
定价：24.00 元
（凡本版图书出现印刷、装订错误，请向出版社发行部调换）

编写人员名单

主　　编：段大海

副 主 编：王　盛　王凌云　刘　伟　王廷利
　　　　　缪玉刚

参编人员（按姓名笔画排序）：
　　　　　丁　锁　王英磊　王焕才　吕杰玲
　　　　　乔淑芹　许晓瑞　孙丰宝　杜连涛
　　　　　李晓萍　杨福丽　陈　红　陈　康
　　　　　范崇慧　郑建强　徐月华　郭晓青
　　　　　黄永业　崔家升　慕志凤　戴振建

序

　　民以食为天，食以安为先。食品安全源头在农产品，基础在农业，必须正本清源，把农产品质量抓好。发展无公害农产品，是全面推进"无公害食品行动计划"和建设农产品质量安全体系的重要内容，是农业部门践行中央"四个最严"，保障广大人民群众"舌尖上的安全"最基础、最重要的环节。标准是国民经济和社会发展的重要技术基础，建立健全现代农业标准体系是产业发展、质量安全和市场竞争的核心要素，对促进农业转型升级、确保农产品质量安全起到重要作用。

　　近年来，烟台市坚持质量强市、标准兴市战略，以建设高效生态农业大市、特色精品农业强市为目标，把农产品质量安全作为农业发展第一要务，以创建农产品质量安全市为抓手，坚持"产管并重"，不断健全农产品质量监管、检验检测、标准化生产、质量追溯四大体系，农产品质量安全水平稳步提升。通过实施农业标准化，把农业生产产前、产中、产后各个环节，纳入标准生产、标准管理，促进了先进农业科技成果的便捷、有效推广，建立起了生产有规程、产品有标准、质量有监管的农业标准化体系。2009 年，烟台市成功举办了中国绿色食品烟台博览会，成为全国首个地市级"中国绿色食品城"，已规划建设国家级农业标准化示范区（县）

15 个,"三品一标"认定面积达到 17 万公顷。

为全面推进烟台市主要农产品的无公害生产,根据全市标准化行动计划安排,我们组织有关专家在烟台市地方标准《无公害农产品生产技术操作规程》的基础上,根据国家现行有效标准规范和全市农业发展现状,编写了《无公害农产品标准化生产技术指南》一书。本书编入了粮油、果品、蔬菜三大类共 21 种作物的生产技术标准,基本涵盖烟台市主要作物,内容全面、通俗易懂、实用性强,可作为从事农业技术推广、农业生产和质量管理等人员的指导手册。

在"十三五"发展规划的开局之年,烟台市农业农村经济发展的任务更加繁重,农产品质量安全监管面临的形势更加严峻,这也对农业标准化生产提出了更高的要求。我们将始终站在全局的高度,不断完善提高无公害农产品标准化生产技术措施,为全市经济社会发展提供强有力的支撑。

2016 年 12 月

前　言

　　无公害农产品是指使用安全的投入品，产地环境、产品质量符合国家强制性标准，按照规定的技术规范生产并使用特有标志的安全农产品。无公害农产品的定位就是保障消费安全、满足公众需求。标准，是为了在一定的范围内获得最佳秩序，经协商一致制定并由公认机构批准，共同使用和重复使用的一种规范性文件。而标准化是为了在一定范围内获得最佳秩序，对现实问题或潜在问题制定公共使用和重复使用的条款的活动。无公害农产品标准化生产技术就是依据国家相关技术标准制定，用于指导无公害农产品生产活动，规范无公害农产品生产的技术规定。

　　为了全面提升烟台市农业标准化水平和农产品质量安全水平，大力推广无公害农产品标准化生产技术，满足生产企业和生产基地对无公害农产品技术的需求，我们在烟台市农业局的大力支持下，在 2002 年烟台市地方标准《无公害农产品生产技术操作规程》的基础上，根据 2015 年 8 月 1 日实施的《无公害农产品　生产质量安全控制技术规范　第 1 部分：通则》（NY/T 2798.1—2015）有关要求，结合烟台市当前农业生产实际，组织有关专家编写了《无公害农产品标准化生产技术指南》。本书汇集了烟台市 21 种主要农作物的无公害农产品标准化生产技术，运用简练的语言介绍了无公害农产品的产地环境、土肥水管理、病虫害防治、采收、包装以及生产记录等内容，通俗易懂，实用性强，便于推广。可供无公害农产品生产企业、基地以及广大农户和农业科技人员参考。

本书在编写过程中，参考了 2002 年烟台市地方标准《无公害农产品生产技术操作规程》，并征求了部分起草人员的意见，取得了原作人员的大力支持和协助，各县（市、区）农业部门的专家对相关生产技术也提供了许多有效的建议，在此深表谢意！由于本书编制匆忙，难免存有疏忽和错误之处，欢迎大家批评指正，争尽完善。

编　者

2016 年 12 月

目　　录

第一部分

DIYI BUFEN

粮油作物类

无公害农产品花生
标准化生产技术

一、产地环境条件

产地应选择在生态条件良好，远离污染源，并具有可持续生产能力的农业生产区域。产地环境质量安全应符合《无公害农产品 种植业产地环境条件》（NY/T 5010—2016）的规定。

二、生产管理措施

（一）种子准备

1. 品种选择　大花生选用花育 22 号、花育 33 号、山花 7 号、山花 9 号、青花 7 号、山花 15 号、花育 25 号、潍花 11 号等新品种，小花生选用花育 23 号、山花 14 号、青花 6 号等新品种。对鲁花 11 号等使用时间较长的品种做好提纯复壮。

2. 精选种子　剥壳前晒种 2～3 天，播种前 7～10 天剥壳，剔除虫、芽、烂果。剥壳后，要剔除与所选用品种不符的杂色种子和异形种子。精选分级，剔除三级米和过大的米，以二级米为主，种子大小越匀越好，实行分级播种。要求种子发芽率≥95％，纯度≥98％。

（二）深耕整地

1. 深耕翻 冬前耕地，早春顶凌耙耢；或早春化冻后耕地，随耕随耙耢。深耕要结合增施肥料培肥土壤，提高土壤肥力。耕地深度一般为25厘米左右，深耕为30～33厘米。每3～4年进行一次深耕，以打破犁底层，增加活土层。对于土层较浅的地块，可逐年增加耕层深度。

2. 精细整地 在冬耕的基础上，早春化冻后及时进行旋耕整地。旋耕时随耕随耙耢，并彻底清除残余农作物根茎、地膜、石块等杂物，做到耙平、土细、肥匀、不板结。

3. 沟渠配套 要在整地的同时，搞好平泊地台田沟、横节沟、丘陵地堰下沟、腰沟等，使花生田间沟渠相通、排灌畅通，避免涝害。

（三）科学施肥

1. 增施有机肥 一是大力推广秸秆还田与深耕相结合的技术，增加土壤有机质含量；二是广辟肥源、增施农家肥。亩*施圈肥3 000～4 000千克或腐熟鸡粪800～1 000千克，禁止施用没有经过充分腐熟的鸡粪、牲畜粪等。

2. 配方施用化肥 根据产量水平和测土化验结果，按照补偿施肥（不考虑土壤供肥能力和土杂肥供肥）的方法，施用化学肥料。一般亩产300～400千克的地块，亩施纯氮6～8千克，磷3～4千克，钾7～10千克；亩产400～500千克的地块，亩施纯氮8～10千克，磷4～5千克，钾10～13千克；亩产500～600千克的地块，亩施纯氮10～12千克，磷5～6千

---

* 亩为非法定计量单位。1亩＝1/15公顷。

克，钾 13～16 千克。此外，还要适量施用钙、硼、锌等中微量元素肥。钾、钙有拮抗作用，混在一起容易引起烂果，应分层施用。钾肥在耕地前铺施，施后耕翻 0～25 厘米。钙肥在起垄前铺施，然后起垄播种（即施在 10 厘米的结果层）。要根据土壤养分丰歉情况，因地制宜施用硼、锌等微肥，每亩可施用硼肥 0.5～1 千克、锌肥 0.5～1 千克。

3. 精准施用控释肥 要将常规化肥与缓控释肥配施，1/3 选用速效氮肥做种（苗）肥、2/3 选用缓控释氮肥做果肥，确保养分平衡供应。

（四）规范播种

1. 种子处理 根（茎）腐病等根部病害发生较重的地块，可亩用 2.5% 咯菌腈（适乐时）30 毫升兑水 100 毫升稀释后拌种；一般地块亩用 20 毫升。蛴螬等地下害虫发生严重的地块，可亩用 60% 吡虫啉（高巧）30 毫升加水 150 毫升稀释后直接拌种，或用 35% 辛硫磷微胶囊乳剂（绿鹰）500 克拌种，阴干后播种。推荐每亩用 70% 噻虫嗪（锐胜）30 克加 2.5% 咯菌腈（适乐时）20～30 毫升拌种，病虫兼防。

2. 合理密植 高产地块采用单粒精播方式，根据品种特性和土壤肥力状况，亩播 13 000～15 000 粒。垄距 80～85 厘米，垄面宽 50～52 厘米，垄上播 2 行，行距 28～30 厘米，株距 10～12 厘米。中低产地块采用双粒精播方式，适当增加密度。春播大花生亩播 8 500～9 500 墩，垄距 85～90 厘米，垄面宽 50～55 厘米，垄上播 2 行，行距 30 厘米，墩距 15～17.5 厘米。

3. 适期晚播 当 5 厘米地温稳定在 15℃ 以上时即可播种。经过多年试验和实践，胶东丘陵地区适宜播期为 5 月 1～15

日。但进入 4 月下旬后，播期要服从墒情条件，只要墒情适宜，可抢墒播种；但不能播期过早，以防因地温过低，导致烂种、出苗弱和苗期病害加重。

4. 足墒播种　适墒土壤水分为最大持水量的 70％左右，即耕作层土壤手握能成团、手搓较松散时，最有利于花生种子萌发和出苗。适期内，要抢墒播种。如果墒情不足，应及时造墒或溜水播种。

5. 机械覆膜播种

（1）控制好密度和播深。通过更换链轮改变传动比来调整合适的株距，垄距控制在 85 厘米左右。调整好开沟铲相对于机架的高度和水平位置，确保播种深度达到 3～4 厘米。

（2）调整好垄形、铺膜、覆土量。改变翻土铲的入土深度，调整合适的垄高。排水良好的平原地垄高 10～12 厘米，涝洼地要达到 13～15 厘米。调低展膜轮和增加展膜轮前侧内倾角度，确保覆膜时地膜拉紧、铺平、压牢。增加覆土圆盘的深度和覆土圆盘与前进方向的角度，增加覆土量，覆土高度要达到 5 厘米。

（3）控制机器施肥数量。要选用无板结的颗粒肥，调整排肥轮的工作长度，实现要求的施肥量。播种时通过机器施肥的数量不能超过全部化肥施用量的 1/3。

（4）调整好施药量。喷施除草剂防除田间杂草，每亩用 96％精异丙甲草胺（金都尔）乳油 75 毫升，兑水 50～75 千克。通过调整好阀门的开度，实现要求的施药量。将药液均匀喷施于垄面，防除一年生禾本科杂草和部分阔叶杂草。

（五）抓好苗期管理

1. 撤土清棵　播种行上方覆土的地块，当幼苗顶裂土堆现绿时，及时将播种行上方的土（堆）撤至垄沟。覆土不足花生幼苗不能自动破膜出土的，要人工破膜释放幼苗，膜孔上方盖好湿土，以保温、保湿和避光引苗出土。

2. 破膜放苗　播种行上方未覆土的地块，当幼苗顶土时，及时破膜压土引苗。膜孔上方盖厚度4～5厘米的湿土，引苗出土。如果幼苗已露出绿叶，破膜放苗要在上午9时以前或下午4时以后进行，以免高温闪苗伤叶。当有2片复叶展现时，要及时将膜孔上的土堆撤至垄沟，露出子叶节。破膜放苗时，要尽量减小膜孔大小，充分发挥地膜的保墒提温作用。

3. 查苗补苗　花生出苗后，立即查苗，发现缺苗，及时补种或补苗。缺苗严重的地块，用原品种催芽补种；缺苗较轻的地块，可在花生2～3叶期带土移栽。栽苗最好选在傍晚或阴天进行，栽后浇水。

4. 及时抠取膜下侧枝　及时检查并抠取压埋在膜下横生的侧枝。始花前需进行2～3次。

（六）中后期田间管理

1. 加强根外追肥，防止脱肥早衰　花生进入中后期，荚果逐步形成，对养分的需求较大，要用浓度为0.2%～0.3%的磷酸二氢钾溶液（或2%～3%的过磷酸钙浸出液）加0.5%～1%的尿素液，或其他富含氮、磷、钾及多微元素的叶面肥，进行叶面喷雾。

2. 及时浇水排涝，保证水分供应　适宜的土壤水分为田间持水量的50%～60%，若低于40%会影响荚果的饱满度，应浇水；若高于70%也不利于荚果发育，甚至造成烂果。遇旱浇水时应采用喷灌或小水快速沟灌的方法，切忌大水漫灌，四级风以上停灌。当土壤水分超过田间最大持水量的 80％时，必须进行排涝。易涝平泊地块要及时疏通排水沟，山区丘陵地要挖好堰下沟，使之与拦腰沟、花生垄沟相通。

3. 适时灵活化控，防止徒长倒伏

（1）喷施时间。当花生株高达到 35～40 厘米、田间开始封垄时第一次使用化控，时间大约在 7 月中旬。

（2）喷施方法。叶面喷施花生超生宝（40 克/亩）或 1 000～1 200 倍壮饱安等。喷药在下午 4 点后进行，6 小时内如果遇雨应重喷；喷药时要喷花生顶部生长点，一喷而过，不能重喷。

4. 加强病虫害防治　要在加强测报的基础上，选择合理的防治方法与农药，进行综合防治。对蛴螬等花生田地下害虫，有条件的地方要采用杀虫灯进行防治；化学防治可亩用 70％噻虫嗪（锐胜）30 克拌种或用 48％的毒死蜱每亩 250～300 毫升兑水稀释后防治。对棉铃虫、造桥虫、蚜虫等可在发生初期用 1 500 倍的高效氯氰菊酯喷雾防治，或用 50％辛硫磷乳剂 800 倍液喷雾防治。对花生叶斑病、锈病，7 月底 8 月初开始，在病叶率达到 10％～15％时，可亩用 12.5％氟环唑（欧博）20 毫升或 10％苯醚甲环唑水分散粒剂 1 500 倍液，喷雾防治。

（七）采收

适时收获期的标志是花生植株中下部的茎枝枯黄，中、下部叶片衰老脱落；70％或更多的荚果果壳硬化、网纹清晰，鲜果果壳黄白色中带有铁青色，晒干后呈固有的壳色。要注意在收获的过程中捡拾土壤中和花生棵上的残膜，以尽量减少污染。

三、生产档案的建立和记录

在生产过程中建立生产技术档案，详细记录产地环境、生产技术、病虫害防治和采收等相关内容，并保存 2 年以上。

无公害农产品甘薯
标准化生产技术

一、产地环境条件

产地应选择在生态条件良好，远离污染源，并具有可持续生产能力的农业生产区域。产地环境质量安全应符合《无公害农产品　种植业产地环境条件》（NY/T 5010—2016）的规定。

选土层深厚、疏松、含有机质较多、通气性好、排水良好的沙质壤土或沙性土壤为宜。耕作深度要求 25～30 厘米。

二、生产管理措施

（一）施肥与起垄

1. 施肥原则　应以基肥为主，追肥为辅；农家肥为主，化肥为辅；追肥以前期为主，后期为辅。

2. 施肥量（配方施肥）　每亩施用农家肥 3 000～4 000 千克、纯氮 5～10 千克、纯磷（P_2O_5）5～8 千克、纯钾（K_2O）20～30 千克。

3. 施肥方法　将农家肥结合深耕施下大半（65%），起垄前再铺施一部分（30%），剩下的少量农家肥和化肥混合施入开好的沟内，将其与土混合后包施在垄下。

4. 起垄 垄距春薯 70～80 厘米、夏薯 70 厘米，垄高 20～30 厘米。

（二）栽植

1. 品种选择 根据生产目的，选用适合当地种植的优质、高产、商品性好的甘薯品种，如烟薯 16、烟薯 23、烟薯 25、北京 553、济薯 26、紫甘薯等。

2. 选用壮苗 要从脱毒甘薯苗圃或苗床中选择脱毒壮苗，要求株高 20 厘米，百株重 500 克以上，顶三叶齐平，叶片大而肥厚，叶色浓绿，茎粗而节匀，剪口浆汁浓，茎上无气生根，苗龄 30～35 天。

3. 合理密植 综合考虑地力、品种、栽植时间与密度的关系，瘠薄地可适当增加密度，肥力较好地应减少密度；春薯密度宜小些，夏薯密度应大些；短蔓品种密度宜大，长蔓品种密度可小一些。通常中等肥力的平原地春薯亩栽 3 500～4 200 株，夏薯亩栽 4 000～5 000 株为宜；山丘旱薄地每亩栽春薯 4 000～4 500 株，夏薯亩栽 4 500～5 500 株为宜。

4. 栽植时间 春甘薯在 5 月 1 日前后，气温稳定在 15～16℃，10 厘米地温稳定在 17～18℃时开始栽植。夏甘薯于小麦收获后抓紧起垄，力争早栽。

5. 栽插技术 主要采用深栽、斜插、平推一把土的栽插技术，要点如下：

（1）深栽。从顶端展开叶算起，3～5 节及叶片入土，栽深 6 厘米，2～3 节及 3～4 片叶外露，露土高度不超 5 厘米。

（2）斜插。薯苗插下时应向后拉，使成弧状，以便扩大结薯部位，增加根系发育，有利吸收养分。

（3）平推一把土。苗子插上后，应推一把土，压紧苗根部，并放大窝。

（4）浇足水，封严窝。特别是天气干旱时应多浇水，一般浇 2～3 次窝水，浇透为宜。窝水渗下后，施苗肥和毒饵，而后封严窝。

6. 覆膜栽培 春甘薯覆盖地膜栽培具有增温、保墒、防旱、防涝、改善土壤理化性状、减少土壤养分流失、加速养分转化等作用，进而促进甘薯早发快长、早结薯、地上与地下部生长协调、提高经济产量、改善品质等，一般每亩可增产 20%～30%。覆膜栽培应选择有水浇条件、土壤透气性良好的轻壤土或泥沙比例适宜的土地，如无水浇条件应选择保水较好的壤土地。起垄前将肥料一次性施足，用肥量比露地适当增加。选用优质黑色地膜，起垄后选均匀一致的薯苗，浇足 2 遍窝水后按常规方式栽插。局部小范围破膜将苗放出，苗周用土封严，其他管理同大田。

（三）大田管理

1. 生长前期

（1）查苗、补苗。栽苗 6 天，抓紧查苗、补苗。若干旱，隔沟浇水，浇后锄地。

（2）追肥。根据苗情在团棵期每亩追 3 千克标准氮肥。

2. 生长中期

（1）排涝防旱。此期一般不浇水，旱轻浇，涝则排。

（2）控制旺长。用 200 毫克/千克多效唑 50 千克，均匀喷洒。

（3）拔除杂草，禁止翻蔓。

3. 生长后期

（1）防旱排涝，旱浇小水，涝排。

（2）根外喷肥，用5％尿素、0.2％硫酸二氢钾每亩100千克，每隔7天喷1次，防早衰。

（3）禁止采叶、翻蔓，保护茎叶。

（四）病虫害防治

甘薯的主要病虫害有甘薯茎线虫病、黑斑病、根腐病、小地老虎、甘薯天蛾、斜纹夜蛾、卷叶虫。

1. 茎线虫病 通过病薯块、病苗、带病的土壤等途径传播，带病种苗是其主要传播途径。可采用无病薯种育苗、剪栽采苗圃的无病蔓头苗、轮作、土壤消毒、选用抗病品种等措施控制为害。薯苗栽插前用50％辛硫磷兑水200倍液，浸苗根部（8～10厘米）15分钟，可杀死薯苗内茎线虫，防止病苗传病。

2. 黑斑病 通过病薯块、病苗、带病的土壤等途径传播，但以种薯传播为主，其次是薯苗。可采取无病薯种育苗，栽植无病壮苗加以种苗消毒，进行防治。育苗前可用50％多菌灵可湿性粉剂500倍药液浸薯种10分钟，或50％可湿性多菌灵1 000倍药液浸种薯5分钟。栽植时再用50％多菌灵800倍液浸苗根部（8～10厘米）10分钟，然后栽植。

3. 小地老虎 每亩用2.5％敌百虫粉2千克于傍晚喷粉防治。

4. 甘薯天蛾、斜纹夜蛾、卷叶虫 每亩用2.5％敌百虫粉2千克于傍晚喷粉防治，或用80％敌敌畏乳剂1 000倍液喷雾防治。

（五）采收

10月中旬气温降至13～14℃、10厘米地温降至15～16℃

时即开始收获，霜降前收完。

三、生产档案的建立和记录

在生产过程中建立生产技术档案，详细记录产地环境、生产技术、病虫害防治和采收等相关内容，并保存 2 年以上。

无公害农产品玉米
标准化生产技术

一、产地环境条件

产地应选择在生态条件良好，远离污染源，并具有可持续生产能力的农业生产区域。产地环境质量安全应符合《无公害农产品　种植业产地环境条件》（NY/T 5010—2016）的规定。

选择地势平坦、排灌方便、土体厚度 2 米以上、中间无障碍层、活土层＞20 厘米、土壤孔隙度 50％以上、土壤容重（1.4±0.11）克/立方厘米、土壤有机质含量＞0.8％以上的地块。

二、生产管理措施

（一）品种选择

选择优质、高产、抗病、抗倒、适应性广、商品性好的品种。春播玉米和套种玉米推荐选用抗病性强、生产潜力大的中晚熟品种，如金海 5 号、山农 206、丹玉 86、威玉 308、农大 108 等。夏直播玉米推荐选用中早熟品种，如登海 605、郑单 958、登海 618、连胜 188 等。加工鲜食玉米要根据市场需求种植糯、甜等类型玉米新品种，如西星系列等。

（二）种子处理

1. 选种 种子纯度≥96％、发芽率≥85％、净度≥99％、含水量≤13％、单粒精播种子发芽率≥92％。选用精选饱满均匀一致的种子，以提高出苗率和群体整齐度。

2. 晒种 播前将种子摊薄翻晒2～3天，在水泥地面上晾晒时种子厚度不得低于3厘米。

3. 拌种 可选择5.4％吡·戊或70％噻虫嗪加2.5％咯菌腈等高效低毒玉米种衣剂包衣，控制苗期灰飞虱、蚜虫、粗缩病、丝黑穗病和纹枯病等，禁止使用含有克百威（呋喃丹）、甲拌磷（3911）等的种衣剂。或采用戊唑醇、福美双、粉锈宁等药剂拌种，以减轻玉米丝黑穗病的发生；用辛硫磷、毒死蜱等药剂拌种，防治地老虎、金针虫、蝼蛄、蛴螬等地下害虫。种衣剂及拌种剂的使用应严格按照产品说明书进行。

（三）播种

1. 春播 5月1～20日为春玉米适播期。

2. 套种 玉米的适套期一般为6月8～15日，即麦收前7～10天。在适套期内要尽量晚播。为便于小麦机收，防止机械损伤玉米幼苗，推荐在小麦收获前5天套种。这样小麦收获时玉米萌动而不出苗，既可以争取积温，又容易保证苗全苗齐。

3. 夏直播 夏直播玉米要遵循"夏播无早，越早越好"的原则，播期一般不要晚于6月25日。小麦等前茬作物收获后要抢时播种，最好当天收获当天播种。即小麦联合收获-玉米机械直播一条龙作业，促进玉米早发。若墒情不足，可先播种后灌溉，避免先灌溉影响播种机组下地，耽误播种时间。

（四）播种量

播种量按下列公式计算：

播种量（千克/亩）＝［计划每亩株数×1.2×千粒重（克）］÷［发芽率（％）×出苗率（％）×1 000×1 000］

一般亩播量 2～3 千克，单粒精播亩播量 1.5 千克左右。紧凑中穗型玉米品种留苗 4 500～5 500 株/亩，紧凑大穗型品种留苗 3 500～4 500 株/亩，根据品种特性和产量水平酌情增减。

（五）播种

1. 提高小麦等前茬秸秆粉碎质量 采用带秸秆切碎和抛撒功能的小麦联合收割机，小麦秸秆切碎长度≤10 厘米，切断长度合格率≥95％，抛洒不均匀率≤20％，漏切率≤1.5％。

2. 提高玉米机械播种质量

（1）选用高质量机械。推广与大型拖拉机配套的机械，提高机架高度，增加机架和开沟铲强度，确保行驶速度和播种质量均匀一致。

（2）开沟施肥。开沟深度要一致，一般 6～8 厘米，肥、种隔离。带复合肥每亩 10～15 千克。种肥选用颗粒状复合肥或复混肥；提倡施用玉米缓释肥，减少玉米管理人工消耗。

（3）播种深度、行距。玉米播深应深浅一致，一般 3～5 厘米；一般大田等的行距为 60 厘米。在高产攻关田高密度情况下，为了改善通风透光条件、便于田间管理，采用大小行种植，大行距 80 厘米左右，小行距 30～40 厘米。

（4）覆土镇压。玉米播种后，应覆土严密，镇压强度适宜，镇压轮不打滑。

（5）化学除草。播种后出苗前，每亩用 40％乙·阿合剂 200～250 毫升兑水 50 千克进行封闭式喷雾，防除田间杂草。

（六）施肥

1. 夏玉米在冬小麦等前茬作物施足无污染的有机肥的前提下，以施用化肥为主　根据计划产量确定施肥量，一般按每生产 100 千克籽粒施用氮（N）2.5～3 千克、磷（P_2O_5）1 千克、钾（K_2O）2 千克计算，另外，每亩加施 1 千克硫酸锌；一般亩产 600 千克以上的高产地块，亩施纯氮 15～18 千克（折合尿素 32～40 千克）、磷（P_2O_5）6～7 千克（折合标准过磷酸钙 42～48 千克）、钾（K_2O）9～11 千克（折合氯化钾 15～18千克），高肥地取低限指标，中肥地取高限。施用复合肥或磷酸二铵等肥料时，应按上述氮、磷、钾总量科学计算。

2. 施肥方法　以轻施苗肥、重施大口肥、补追花粒肥为原则。

（1）苗肥。在玉米拔节期将氮肥计划总量的 30％和全部磷、钾、硫、锌肥，沿幼苗一侧开沟深施 15 厘米左右，以促根壮苗。

（2）穗肥。在玉米大喇叭口期（叶龄指数 55％～60％，第 11～12 片叶展开）追施氮肥计划总量的 50％，开沟深施以促穗大粒多。

（3）花粒肥。在籽粒灌浆期追施氮肥计划总量的 20％，以提高叶片光合能力，增粒重。推荐使用硫包膜缓（控）释肥（控释期 90 天），在苗期一次施入。

（七）田间管理

1. 间苗、定苗　在玉米 3 叶期间苗，5 叶期定苗，不得延迟，以防出现苗荒。

2. 去蘖 拔节前及时田间巡查，对肥水条件充足、易出现分蘖的品种，应及时将分蘖除去，以利于主茎生长。

3. 拔除小弱株 在小喇叭口期及时拔除小弱株，提高群体整齐度，保证植株健壮，改善群体通风透光条件。

4. 化学调控 在玉米拔节到小喇叭口期，对长势过旺的玉米，合理喷施安全高效的植物生长调节剂（如健壮素、多效唑等），以防止玉米倒伏。

5. 中耕松土 于苗期和穗期，结合除草和施肥及时中耕两次。

6. 去雄和辅助授粉 当雄穗抽出而未开花散粉时，隔行或隔株去除雄穗，但地头、地边 4 米内的不去。在盛花期人工辅助授粉。

（八）水分管理

1. 玉米各生育期适宜的相对土壤含水量指标（占田间最大持水量的百分比）分别为：播种期 75％左右，苗期 60％～75％，拔节期 65％～75％，抽穗期 75％～85％，灌浆期 65％～75％。当各生育时期田间持水量低于以上标准时，及时酌情灌溉；高于标准时，及时酌情排水。

2. 播种期应酌情造墒或播后浇水，以保证底墒充足、种子尽早萌发和一播全苗 苗期一般不用浇水，拔节以后可视天气情况及时浇水，满足玉米正常生长发育对水分的需求，要特别重视大喇叭口期和开花期的水分供应。灌溉方式以沟灌为主，有条件的可采用渗灌或喷灌，杜绝大水漫灌。

3. 遇涝及时排水 苗期如遇暴雨积水，应及时排水。及时疏通田间沟渠等排水系统，保证玉米生长期间排水畅通，突出做好暴雨后田间及时排水工作。同时，应注意防止涝害。

（九）病虫草害防治及灾害应对

按照"预防为主，综合防治"的原则，优先采用农业防治、物理防治和生物防治，配合科学合理地使用化学防治。

1. 防除草害

（1）人工或机械除草。优先采用中耕灭茬等方式灭除田间杂草。

（2）适时化学除草。玉米3～5叶期是喷洒苗后除草剂的关键时期。未进行土壤封闭除草或封闭除草失败的田块，可进行苗后除草。常用除草剂有48％丁草胺、莠去津或4％烟嘧磺隆等。苗后除草剂使用不当，容易出现药害。轻者延缓植株生长，形成弱苗；重者生长点受损，心叶腐烂，不能正常结实。药害产生的主要原因是没有在玉米安全期（3～5叶期）内用药、盲目加大用药量、重叠喷药、高温炎热时喷药、多种药剂自行混配、喷药前药械没有清洗干净、误用除草剂、与有机磷农药施用间隔时间过短等。

2. 病虫害防治 夏玉米基地以物理防治和生物防治为主，化学防治为辅。如在害虫盛发期采用频振式杀虫灯或高压汞灯诱杀，释放赤眼蜂等天敌等措施。

（1）播种期病虫防治。播种期预防的病虫害主要有玉米粗缩病、苗枯病、丝黑穗病和地下害虫等。玉米粗缩病是由灰飞虱传毒的病毒病，要坚持治虫防病的原则，力争把传毒昆虫消灭在传毒之前。麦蚜、灰飞虱兼治可亩用10％吡虫啉10克喷雾，也可在麦蚜防治药剂中加入25％扑虱灵20克兼治灰飞虱。在玉米上，一要用内吸性杀虫剂拌种或包衣，如用70％吡虫啉按种子量的0.6％拌种或包衣。二要在出苗前进行药剂防治，可亩用10％吡虫啉10克喷雾防治，灰飞虱若虫盛期可亩用25％扑虱灵20克防治，同时注意田边、沟边喷药防治。三是农业防治。玉米播种前田间及周边及时除草，以减少虫源。适当调整玉米播期，使玉米苗期错过灰飞虱的盛发期。及时拔除病株。苗枯病可用2％立克秀或50％多菌灵按种子量的0.2％拌种预防。丝黑穗病主要在玉米幼苗期侵染，可用2％戊唑醇或20％三唑酮分别按种子量的0.2％、0.5％拌种预防。地下害虫可用40％甲基异柳磷按种子量的0.2％拌种防治，兼治灰飞虱、蚜虫等害虫。针对当地流行病虫害和品种抗病虫特性，选择针对性好的包衣剂进行预防苗期病虫害。如选用35克/升咯菌·精甲霜（满适金）预防苗枯病、根腐病，70％噻虫嗪（锐胜）预防灰飞虱，4.23％甲霜灵·种菌唑（顶苗新）预防黑粉病等。

（2）苗期病虫防治。玉米播种到拔节这一阶段为苗期，一般经历25天左右。苗期主要病虫害有二代黏虫、玉米螟、红蜘蛛、蓟马、稀点雪灯蛾、二点委夜蛾等。其防治指标是：二代黏虫玉米2叶期百株10头，玉米4叶期百株40头；玉米螟为花叶株率10％；稀点雪灯蛾为每平方米5头；二点委夜蛾每平方米1头。防治玉米螟，可用3％辛硫磷颗粒剂每亩250克加细沙5千克施于心叶内，可兼治玉米蓟马。用赤眼蜂防治玉米螟，成本低，无污染。防治二代黏虫和玉米蓟马，可用50％辛硫磷1 000倍液或80％敌敌畏乳油2 000倍液喷雾防治，兼治玉米蚜和稀点雪灯蛾。防治二点委夜蛾，用48％毒死蜱乳油1 500倍液、或4.5％高效氟氯氰菊酯乳油2 500倍液、或80％敌敌畏乳油300～500毫升拌25千克细土，于早晨顺垄撒在玉米苗周围，同时进行划锄。

（3）穗期。玉米拔节至抽雄这一阶段为穗期，一般经历

35天左右。穗期是多种病虫的盛发期，主要有玉米蚜、三代黏虫、叶斑病、茎基腐病、锈病等。其防治指标，玉米蚜百株1.5万头；三代黏虫直播玉米百株120头，套播玉米百株150头；玉米穗虫百株30头；大斑病、小斑病和弯孢菌叶斑病均为抽穗前后病叶率10%～20%。防治弯孢菌叶斑病可用50%百菌清、50%多菌灵、70%甲基托布津500倍液喷雾；大斑病可用40%克瘟散、50%多菌灵、75%代森锰锌等药剂500～800倍液喷雾。褐斑病可用50%多菌灵、70%甲基托布津500倍液喷雾防治。摘除老叶病叶，可减少菌源和降低田间湿度。在玉米锈病发病初期，可用20%三唑酮乳油每亩75～100毫升喷雾防治。玉米蚜可用50%辟蚜雾每亩8～10克或10%吡虫啉每亩10～15克兑水45千克喷雾防治。三代黏虫可用50%辛硫磷1 000倍液喷雾防治。

（4）花粒期。玉米抽雄到完熟阶段为花粒期，夏玉米花粒期一般45天左右。玉米抽雄、开花期是玉米螟、棉铃虫、黏虫、蚜虫等多种害虫的并发期，防治玉米螟、棉铃虫、黏虫，可用40%敌敌畏0.5千克加水400千克灌穗；也可用90%敌百虫800倍液滴灌果穗防治。防治蚜虫可用50%乐果0.5千克兑水500千克，或氧化乐果0.5千克兑水1 000千克喷雾。

3."一防双减" 玉米中后期是产量形成的关键时期，也是多种病虫的集中发生期，具有暴发强、危害重、防治难的特点。玉米"一防双减"，就是在玉米大喇叭口期普遍用药一次防治玉米中后期多种病虫害，减少后期穗虫基数，减轻病害流行程度。主要防治对象：病害主要有玉米褐斑病、弯孢霉叶斑病、大小叶斑病、锈病等；虫害主要有玉米螟、黏虫、棉铃虫、蚜虫、红蜘蛛、桃蛀螟。此期用药在正常年份是玉米整个生育期的最后一次普遍用药，因此要求选用的药剂应防效高、持效期长，所以成本相应偏高。

（1）每亩用 20％氯虫苯甲酰胺悬浮剂（康宽）5～10 毫升或 22％噻虫·高氯氟微囊悬浮剂（阿立卡）15～20 毫升加 25％吡唑醚菌酯乳油（凯润）30 毫升混合喷雾。药效持续时间：杀虫剂 20～30 天，杀菌剂 30 天。

（2）40％氯虫·噻虫嗪（福戈）水分散粒剂 6～8 克 30％苯醚甲环唑·丙环唑乳油（爱苗）20 毫升或 20％三唑酮乳油 75～100 克喷雾。药效持续时间：杀虫剂 20 天，杀菌剂 15 天。

（3）3％克百威颗粒剂 1～1.5 千克撒施于玉米心叶加 20％三唑酮乳油 75～100 克喷雾。药效持续时间 15 天。

4. 主要灾害应变措施

（1）涝灾。玉米前期怕涝，淹水时间不应超过 12 小时。生长后期对涝渍抗性增强，但淹水不得超过 24 小时。

（2）雹灾。苗期遭遇雹灾，应及时中耕散墒、通气、增温，并追施少量氮肥，也可喷施叶面肥，促其恢复，减少损失。拔节后遭遇严重雹灾，应及时组织科技人员进行田间诊断，视灾害程度酌情采取相应措施。

（3）风灾。小喇叭口期前遭遇大风，出现倒伏，可不采取措施，依靠植株自我调节能力自我恢复，基本不影响产量。小喇叭口期后遭遇大风而出现的倒伏，应及时扶正，并浅培土，以促根系下扎，增强抗倒伏能力，减小损失。

（十）采收

于成熟期收获，玉米成熟期的标志为籽粒乳线基本消失、基部黑层出现。收获后应及时进行晾晒或烘干，防止霉变。另外，玉米储藏、运输、加工所用的场地、设备必须具备安全卫生、无污染条件。适于青贮的品种可在乳熟末蜡熟初期适时收获，进行青贮。

玉米收获后，严禁焚烧秸秆，应采用不同方式秸秆还田，以培肥地力。

三、生产档案的建立和记录

在生产过程中建立生产技术档案，详细记录产地环境、生产技术、病虫害防治和采收等相关内容，并保存2年以上。

无公害农产品小麦
标准化生产技术

一、产地环境条件

产地应选择在生态条件良好，远离污染源，并具有可持续生产能力的农业生产区域。产地环境质量安全应符合《无公害农产品　种植业产地环境条件》（NY/T 5010—2016）的规定。

地势平坦，排灌方便，土壤耕深层厚度 20 厘米以上，土壤肥力中等以上，土壤理化性状良好，以壤土最宜，沙壤、黏壤亦可。

二、生产管理措施

（一）种子

1. 品种选择　选用优质、高产、抗逆性强并通过审定、适应当地生态条件的新品种。如烟农 24、烟农 5158、洲元 9369、济麦 22、烟农 0428、烟农 999、青农 2 号等。

2. 种子质量　要使用经过精选的种子，种子纯度不低于 99%，净度不低于 98%，发芽率不低于 85%，水分不高于 13%；播前阳光下晾晒 2～3 天。

3. 种子处理　防治小麦纹枯病、根腐病、全蚀病、散黑穗病等病害，可选用2%戊唑醇可湿性粉剂或2.5%咯菌腈悬浮种衣剂按种子量的0.1%～0.15%拌种或包衣。防治地下害虫可选用50%辛硫磷乳油按种子量的0.2%拌种；在小麦丛矮病常发地块，可选用吡虫啉按种子量的0.2%拌种，同时兼治灰飞虱。病、虫混发地块，可选用以上药剂（杀菌剂＋杀虫剂）混合拌种，用药量按单独使用的剂量。

（二）整地做畦

采用深耕机械翻耕，耕深23～30厘米，打破犁底层，不漏耕，增加土壤蓄水保墒能力。深耕要和细耙紧密结合，无明暗坷垃，达到上松下实；旱肥地平播，平均行距22厘米左右；水浇地根据播种机械作业要求规格做畦，平均行距24厘米左右，畦埂宽≤40厘米，畦长不超过100米，做畦后整平畦面待播，保证浇水均匀，不冲不淤。

（三）施肥

1. 施肥量　每亩施用优质农家肥3 000千克左右，一般亩产小麦400～500千克的化肥用量（折纯）为：氮（N）12～14千克、磷（P_2O_5）5～6.2千克、钾（K_2O）5～6.2千克。

2. 施肥方法　总施肥量中的全部有机肥、磷肥，以及氮肥和钾肥的50%做底肥，在整地时施入土壤；第二年春季小麦起身拔节期再施余下的50%氮肥和钾肥。地力水平较高的超高产田，可用40%的氮肥做底肥，60%的氮肥在小麦拔节期追施。

（四）播种

1. 播种时间　适宜播期为10月上旬，最佳播期10月3～

8 日。

2. 播种方法　使用播种机播种，播深 3～5 厘米。播种机不能行走太快，每小时不超过 5 千米，以保证下种均匀、深浅一致、行距一致、不漏播、不重播。

3. 播量与基本苗　最佳播期内，分蘖成穗率高的中穗型品种播量 6～8 千克/亩，基本苗 12 万～16 万/亩；分蘖成穗率中等的大穗型品种播量 7.5～10 千克/亩，基本苗15 万～18 万/亩。适宜播期内播种根据播种期早晚酌情增减播量。

4. 播种后镇压　用带镇压装置的小麦宽幅精播机播种，随种随压；没有浇水造墒的秸秆还田地块，播种后再用镇压器镇压 1～2 遍。

（五）田间管理

1. 冬前管理　在出苗后和浇冬水前查苗补苗，疏密补稀。于立冬至小雪期间浇一次越冬水，每亩浇水量 40～50 立方米。

2. 春季管理　返青期划锄镇压，增温保墒促稳长。地力足、墒情好的麦田在拔节期追肥浇水；地力一般、群体略小的麦田，在起身期追肥浇水；墒情差的中低产田和施肥不足的脱肥黄弱苗麦田，首次肥水应在小麦返青期进行。根据降水情况，浇好孕穗和灌浆水。

（六）病虫草害防治

以防为主，综合防治，优先采用农业防治、物理防治、生物防治，科学合理地使用化学防治。

1. 病害防治　返青至起身期，防治纹枯病，兼治根腐病、白粉病。拔节期，防治纹枯病、白粉病、锈病，兼治根腐病、小麦全蚀病等。挑旗至孕穗期，重点防治锈病、白粉病。

2. 草害防治 冬前小麦 3～4 叶期、日平均温度 10℃以上时，及时防除麦田杂草。根据田间杂草种类选用除草剂。春季杂草较多的麦田，在小麦返青期、日平均温度 10℃以上时进行防除。

3. 穗期"一喷三防" 在小麦抽穗期至籽粒灌浆中期，将杀虫剂、杀菌剂、叶面肥等混配，一次用药达到防虫、防病、防干热风、抗倒伏、增粒重的目的。

（七）收获

1. 收获 小麦蜡熟末期联合收割机收获。收获过程所用工具要清洁、卫生、无污染。

2. 运晒 与普通小麦分收、分运、分晒。无公害农产品小麦的包装要符合国家的规定要求。运输工具应清洁、干燥、有防雨设施，严禁与有毒、有害、有腐蚀性、有异味的物品混运。

三、生产档案的建立和记录

在生产过程中建立生产技术档案，详细记录产地环境、生产技术、病虫害防治和采收等相关内容，并保存 2 年以上。

第二部分

DIER BUFEN

果品类

无公害农产品苹果 标准化生产技术

一、产地环境条件

产地应选择在生态条件良好，远离污染源，并具有可持续生产能力的农业生产区域。产地内土壤、水、空气质量应符合《土壤环境质量标准》（GB 15618—2008）、《农田灌溉水质标准》（GB 5084—2005）和《环境空气质量标准》（GB 3095—2012）的要求。

二、生产技术

（一）园地规划

果园中果树占地面积在90%左右，作业道路、排灌系统占地面积在3%～4%；防风林占3%～5%；办公室、机房、仓库和分级包装场等占地在1.5%左右。

种植小区的道路可与排灌沟渠统筹规划设计，合理安排布局；防风林须建在果园的迎风面，要求与主风向垂直，乔木和灌木搭配合理，树墙高度4.0米以上。不宜选择柏科植物做防风林。

（二）品种和砧木选择

1. 品种 选用抗病、优质丰产、抗逆性强、适应性广、商品性好的适合本地区的优良品种。

2. 砧木 根据当地具体情况，尽量采用无病毒苗、矮化砧或矮化中间砧苗、带分枝苗。乔砧宜采用八棱海棠等砧木。

（三）栽植

1. 定植密度 生产中应根据立地条件、砧穗组合与栽植密度等，确定适宜的栽植方式。新建果园土壤是平泊地的，提倡实行高畦栽培，以集中地表土壤和减轻根系受涝程度。乔化砧园株行距（4～5 米）×（6～8 米），畦宽 2 米，高 20～30厘米；矮化砧和半矮化砧园株行距（1.5～4 米）×（3～5 米）。

2. 授粉树配置 以行为单位配置授粉树，主栽品种与授粉品种的比例：稀植时为（1～3）∶1；密植时可增至 4∶1。以株为单位，最低比例为 8∶1，即每 3 行 8 株主栽品种的中心定植 1 株授粉树，最好选用专用授粉品种。有 1 个三倍体品种时，必须选择 2 个能相互授粉的二倍体品种作为授粉树或配置一个专用授粉品种。

3. 定植坑的长、宽、深度为 0.8～1.0 米；株距小时可挖长沟，宽、深同前。取土时将表土与底土分别堆放。

4. 栽前将苗木根部浸泡水中充分吸水后取出苗木，对直径 0.2 厘米以上粗根轻截。用 5 波美度石硫合剂消毒，沾泥浆后栽植。

5. 定植前每株施腐熟有机肥 50 千克，磷酸二铵 0.5～1千克，将有机肥、化肥与挖出表土混合，回填坑（沟）底，填至距地表 25 厘米左右后，踩实或先灌水待其下沉后栽树，栽后及时灌水。

6. 定植时间 春栽或秋栽。春栽自土壤解冻后至萌芽前，栽植灌水后，在树干基部培小土堆，5～6月待成活稳定后，将小土堆撒平；秋栽自落叶至土壤封冻前，在冬季严寒、春季风大地区，栽后须将树干卧倒培土，土厚距树干不少于10厘米，春天发芽前撒土立直树干。一般宜春栽。

7. 栽植深度 以苗木在苗圃时覆土深度为准。矮化中间砧苗木，将中间砧埋1/3～1/2为宜。

8. 栽后管理 苗木栽植后要确保浇灌3次水，即栽后立即灌水，之后每隔7～10天灌水1次，连灌2次，以后视天气情况浇水促长。6～8月进行2～4次追肥，前期每次每株施尿素或磷酸二铵50克，后期适当增加磷钾肥。9月以后要适当控肥控水，促进枝条充实。及时进行整形修剪和病虫害防治。

(四) 土肥水管理

1. 土壤管理

(1) 深翻改土。定植后逐年将定植坑外进行深翻改良，以秋季为好，其他季节也可进行。深翻方法分为扩穴深翻和全园深翻，扩穴深翻为在定植穴（沟）外挖环状或平行沟，沟宽80厘米，深60厘米左右。全园深翻为将栽植穴外的土壤全部深翻，深度30～40厘米。土壤回填时混以有机肥，表土放在底层，然后充分灌水，使根土密切接触。

(2) 行间生草或间作。幼树期行间人工种植草木樨、紫花苜蓿、三叶草、麦草等，也可自然生草，草高30～40厘米时，人工或机械刈割，留茬高度保持8～10厘米，1年刈割3～4次，将草覆盖树盘，4～5年耕翻1次，更新生草。间作宜种豆科等矮秆作物，切忌种植高秆作物和秋季需大肥大水作物，如玉米、白菜等。

(3) 盛果期采取行间生草，株间覆盖或生草。

（4）秋季耕翻 1 次，近树干耕深 10 厘米，远处 20 厘米，生草处不耕翻。

（5）坡地苹果园，应修筑水平梯田、等高撩壕、鱼鳞坑等水土保持工程，防止水土流失，达到保水、保土、保肥的作用。

2. 施肥

（1）施肥原则。以有机肥为主，化肥为辅，保持或增加土壤肥力及土壤微生物活性。所施用的肥料不应对果园环境和果实品质产生不良影响。

（2）允许使用的肥料种类。

①农家肥料。按《绿色食品　肥料使用准则》（NY/T 394—2013）中所述的农家肥料执行。包括堆肥、沤肥、厩肥、沼气肥、绿肥、作物秸秆肥、泥肥、饼肥等。

②商品肥料。按《绿色食品　肥料使用准则》（NY/T 394—2013）中所述各种肥料执行。包括商品有机肥、腐殖酸类肥、微生物肥、有机复合肥、无机（矿质）肥、叶面肥、有机无机肥等。

③其他肥料。不含有毒物质的食品、鱼渣、牛羊毛废料、骨粉、氨基酸残渣、骨胶废渣、家禽家畜加工废料、糖厂废料等有机物料制成的，经农业部门登记允许使用的肥料。

（3）禁止使用的肥料。未经无害化处理的城市垃圾或含有金属、橡胶和有害物质的垃圾。硝态氮肥和未腐熟的人粪尿。未获准登记的肥料产品。

（4）施肥方法和数量。

①基肥。以有机肥为主，混入适量化肥。有机肥包括充分腐熟的人粪尿、厩肥、堆肥和沤肥等农家肥以及商品有机肥；化肥为氮磷钾单质或复合肥以及硅钙镁肥等。

基肥最佳施用时期是 9 月中旬至 10 月下旬，晚熟品种可在采收后尽早施入。沿行向在树冠投影内缘挖施肥沟，将有机肥、化肥与土壤混匀后施入，施肥后及时浇水。

成龄果园：若施农家肥，按"斤果斤肥"确定施肥量；若施入商品有机肥，一般每亩 500～800 千克。化肥用量按每 100 千克产量，补充纯氮 0.4～0.6 千克（折合尿素 1.0～1.5 千克）、纯磷 0.15～0.25 千克（折合 15% 含量过磷酸钙 1～1.5 千克）、纯钾 0.1～0.2 千克（折合硫酸钾 0.2～0.4 千克）确定，可根据土壤肥力和树势适当增减。土壤 pH 低于 5.5 的果园，每亩施入硅钙镁肥 100～200 千克。

幼龄果园：每亩施入优质农家肥 1 000 千克左右，或商品有机肥 100～200 千克。化肥用量，1 年生树按每亩纯氮 5 千克（折合尿素约 12 千克）、纯磷 5 千克（折合 15% 含量过磷酸钙 33 千克）、纯钾 5 千克（折合硫酸钾 10 千克）确定，2 年生加倍，3 年生后根据产量确定。

②追肥。以速效化肥为主，在树冠下挖 5～10 厘米深的条沟，将化肥均匀施入并覆土和浇水；也可在降雨前或灌溉前地表撒施。

成龄果园：追肥主要时期为果实套袋前和果实膨大期。一般按每 100 千克产量，追施纯氮 0.25～0.4 千克（折合尿素 0.6～1 千克）、纯磷 0.04～0.06 千克（折合 15% 含量过磷酸钙 0.25～0.4 千克）、纯钾 0.5～0.9 千克（折合硫酸钾 1.0～1.8 千克）。套袋前和果实膨大期的追肥量各占一半。果实膨大期采用少量多次的追肥原则。

幼龄果园：追肥时期为萌芽前后和花芽分化期（6 月中旬）。1 年生树每亩施入纯氮 5 千克（折合尿素 12 千克）、纯磷 5 千克（折合 15% 含量过磷酸钙 33 千克）、纯钾 5 千克（折合硫酸钾 10 千克）。2 年生树施肥量加倍，3 年生后根据产量确定。萌芽前后和花芽分化期的追肥量各占一半。

③根外追肥。施肥量以当地的土壤条件和施肥特点确定，可参照表2-1进行。与农药混用时，要注意认真查看说明。

表 2-1 根外追肥参考表

时 期	种类、浓度	作 用	备 注
萌芽前	2%～3%尿素	促进萌芽，提高坐果率	上年秋季早期落叶树更加重要
	1%～2%硫酸锌	矫正小叶病	主要用于易缺锌的果园
萌芽后	0.3%的尿素	促进叶片转色，提高坐果率	可连续2～3次
	0.3%～0.5%的硫酸锌	矫正小叶病	出现小叶病时应用
花期	0.3%～0.4%硼砂	提高坐果率	可连续喷2次
新梢旺长期	0.1%～0.2%柠檬酸铁	矫正缺铁黄叶病	可连续2～3次
5～6月	0.3%～0.4%硼砂	防治缩果病	
5～7月	0.2%～0.5%硝酸钙	防治苦痘病，改善品质	在果实套袋前连续喷3次左右
果实发育后期	0.4%～0.5%磷酸二氢钾	增加果实含糖量，促进着色	可连续喷3～4次
采收后至落叶前	0.5～2%尿素	延缓叶片衰老，提高储藏营养	可连续喷3～4次，浓度前低后高
	0.3%～0.5%的硫酸锌	矫正小叶病	可连续喷3～4次，浓度前低后高，主要用于易缺锌的果园
	0.5%～2%硼砂	矫正缺硼症	可连续喷3～4次，浓度前低后高，主要用于易缺硼的果园

3. 水分管理

（1）灌水时期。一般气候条件下，分别在苹果萌芽期、幼果期（花后 20 天左右）、果实膨大期（7 月中旬至 8 月下旬）、采收前及土壤封冻前进行灌水。采收前灌水要适量，封冻前灌水要透彻。

（2）灌溉方法。

① 小沟交替灌溉。在树冠投影处内两侧，沿行向各开一条深、宽各 20 厘米左右的小沟，进行灌水。

②滴灌。顺行向铺设一条或两条滴管，为防止滴头堵塞，也可将滴管固定在支柱或主干上，距地面 20～30 厘米。一般选用直径 10～15 毫米、滴头间距 40～100 厘米的炭黑高压聚乙烯或聚氯乙烯的灌管和流量稳定、不易堵塞的滴头。流量通常控制在 2 升/小时左右。

（3）排水。保持果园内排水沟渠通畅，确保汛期及时排除园内积水。

（4）水肥一体化。在果园滴灌系统上添加施肥装置即可实现水肥一体化。按照"数量减半、少量多次、养分平衡"为原则，注入肥料，一般为土壤施肥量的 50% 左右；肥料配比要考虑可溶性肥料之间的相溶性；固体肥料要求纯度高、无杂质，在灌溉水中能充分溶解。

（五）整形修剪

1. 乔砧树的整形修剪

（1）乔砧树的树形。

①疏散分层形（小冠形）。分上下两层，第一层 3 个主枝，每主枝配置 1～2 个侧枝，主枝基角 70°～80°；第二层主枝 2 个，不配置侧枝。10 年生左右落头开心，树高 4 米，冠径 3～

6米。株行距为（4～5米）×（6～8米）时采用。

②开心形。每株留2～4个主枝，其上配置大、中型枝组，不配置侧枝。株行距为（4～5米）×（6～8米）时采用。

③单层主干形。只一层配置3个主枝，基角70°～80°，不配置侧枝，直接配置大、中型枝组，中心干部分不配置二层主枝，只配置枝组。株行距为（1.5～4米）×（3～5米）时采用。

（2）乔砧树的修剪。

①疏散分层形。定干高度80厘米左右，定植1年后选出三主枝，2～5年中心干和主枝适度短截，留50～80厘米，其后可不短截或轻短截，3～4年左右选出二层主枝。

②开心形。定干高度100厘米，开始整形同单层主干形，但主枝间隔要大些，6年以上再逐步去除中心干。

③单层主干形。定干高度80厘米，定植后1～2年选出基部3个主枝，2～4年中心干和主枝适当短截，其后可不短截。

2. 矮砧树的整形修剪

（1）矮砧树的树形。

①高纺锤形。适用于株距1.2米以内的果园。干高0.8～1.0米，树高3.2～4.0米，中干上直接着生25～40个侧枝。侧枝基部粗度不超过着生部位中干粗度的1/3，长度60～90厘米，角度大于110°。

②自由纺锤形。适用于株距2.0～2.5米的果园。干高0.6～0.8米，树高3.5～4.0米，中干上着生20～35个侧枝（骨干枝），其中下部4～5个为永久性侧枝。侧枝基部粗度小于着生部位中干的1/3，长度100～120厘米，角度90°～110°。侧枝上着生结果枝组，结果枝组的角度大于侧枝的角度。

（2）矮砧树的修剪。

①矮化自根砧树的整形修剪。矮化自根砧果园宜选用高纺

锤形。

定植当年：带侧枝苗中干延长枝不短截，对粗度超过着生部位中干 1/3 的侧枝，全部采用马耳斜极重短截，其余侧枝角度开张至 110°以上。6 月中旬至 7 月上中旬，控制竞争新梢生长，保持中干优势。7 月下旬至 8 月中旬，对当年新梢角度开张至 110°以上。

定植第二年：春季修剪时，主干距地面 80 厘米以下的侧枝全部疏除；80 厘米以上的侧枝，枝轴基部粗度超过着生部位 1/3 的，根据着生部位的枝条密度进行马耳斜极重短截或疏除，其余侧枝角度开张至 110°以上。对于当年形成的新梢处理方式与第一年相同。

定植第三年后：基部直径超过 2 厘米的侧枝，根据其着生部位的枝条密度进行马耳斜极重短截或疏除，但单株疏除量一般每年不超过 2 个。对于当年形成的新梢处理方式与第一年相同。侧枝长度控制在 60～90 厘米。

②矮化中间砧树的整形修剪。矮化中间砧果园选用自由纺锤形或高纺锤形。

定植当年：栽植后，疏除全部侧枝，保留所有饱满芽定干。萌芽前进行刻芽，即从苗木定干处下部第五芽开始，每隔 3 芽刻 1 个，刻至距地面 80 厘米处。生长期间，及时控制竞争新梢生长和其他新梢开张角度。

定植第二年：发芽前一个月，对中干延长枝短截至饱满芽处，并进行相应的刻芽。对中干上的侧枝，长度在 20 厘米以下的，根据其密度疏除或甩放，20 厘米以上的全部马耳斜极重短截。5 月中下旬至 6 月中旬，对基部粗度超过中干 1/3 的新梢再次进行短截；7 月下旬至 8 月中旬，对侧生新梢拉枝开角至 90°～110°；对侧生新梢背上发生的二次梢及时摘心或拿梢，控制生长。

定植第三年：发芽前一个月，围绕促花进行修剪，疏除基部粗度超过着生处中干 1/3 的侧枝，其余侧枝角度开张至 90°～110°，同时对枝条进行刻芽，并应用必要的化学、农艺措施促花。

定植第四年后：春季修剪时，不再对主干延长枝进行短截，冬季修剪的主要任务是疏除密挤枝。同样情况下，疏下留上、疏大留小；树龄在 10 年以上的疏老留新。修剪的重点放在夏季，主要采用摘心、拉枝、疏剪的方法，调整树体结构和长势，促进花芽分化。

（六）花果管理

1. 促进坐果

（1）花期喷硼。盛花初期喷 0.2%～0.3% 的硼砂溶液。

（2）壁蜂授粉。初花前 3～5 天开始放蜂，每亩释放壁蜂 200～300 头。放蜂期间严禁使用任何化学药剂。

2. 调控产量

（1）花前复剪。在花芽萌动后至盛花前进行，一般壮树花枝和叶枝比为 1∶3，弱树花枝和叶枝比为 1∶4。

（2）疏花。铃铛花至盛花期进行，每花序只保留中心花坐果，边花全部疏除。

（3）疏（定）果。花后两周开始疏（定）果，30 天内完成。一般按间距法留果，留果间距：大型果品种 20～25 厘米，中型果品种 15～20 厘米，小型果品种 15 厘米左右。

3. 提升质量

（1）果实套袋。

①果袋选择。黄色品种和绿色品种选用单层纸袋，红色品

种选用内袋为红色的双层纸袋。

②套袋。谢花后 30 天左右开始，2 周内完成。套袋前 3 天全园周密喷一遍杀虫杀菌剂。

③摘袋。采前 20～25 天摘袋。

（2）铺反光膜。摘袋后 3～5 天铺设反光膜。

（3）摘叶转果。摘袋后 3～5 天开始，分 2～3 次适当摘除果实周围的遮光叶片。摘袋 4～5 天后进行第一次转果，9～10 天进行第二次转果。不易固定的果可用透明胶带粘贴在枝条上。

（七）病虫害防治

1. 防治原则　以农业防治和物理防治为基础，生物防治为核心，按照病虫害的发生规律和经济阈值，科学使用化学防治技术，有效控制病虫危害。

2. 农业防治　采取剪除病虫枝、清除枯枝落叶、刮除树干翘裂皮、翻树盘、地面秸秆覆盖、科学施肥等措施抑制病虫害发生。

3. 物理防治　根据害虫生物学特性，采取糖醋液、频振式杀虫灯等方法诱杀害虫。

4. 生物防治　人工释放赤眼蜂，助迁和保护瓢虫、草蛉、捕食螨等天敌，土壤施用白僵菌防治桃小食心虫，利用昆虫性外激素诱杀或干扰成虫交配。

5. 化学防治　根据防治对象的生物学特性和危害特点，允许使用生物源农药、矿物源农药和低毒有机合成农药，有限度地使用中毒农药，禁止使用剧毒、高毒、高残留农药。

（1）允许使用的农药品种及使用技术。

①杀虫杀螨剂。品种及使用技术见表 2-2。

表 2-2　无公害农产品苹果园允许使用的主要杀虫杀螨剂及使用技术

农药品种	毒性	稀释倍数和使用方法	防治对象
1%阿维菌素乳油	低毒	5 000 倍液，喷施	叶螨、金纹细蛾
0.3%苦参碱水剂	低毒	800～1 000 倍液，喷施	蚜虫、叶螨等
10%吡虫啉可湿粉剂	低毒	3 000 倍液，喷施	蚜虫、绿盲蝽等
25%灭幼脲3号悬浮剂	低毒	1 000～2 000 倍液，喷施	金纹细蛾、桃小食心虫等
50%辛脲乳油	低毒	1 500～2 000 倍液，喷施	金纹细蛾、桃小食心虫等
20%杀铃脲悬浮剂	低毒	8 000～10 000 倍液，喷施	桃小食心虫、金纹细蛾等
50%马拉硫磷乳油	低毒	1 000 倍液，喷施	蚜虫、叶螨、卷叶虫等
50%辛硫磷乳油	低毒	1 000～1 500 倍液，喷施	蚜虫、桃小食心虫等
5%噻螨酮乳油	低毒	2 000 倍液，喷施	叶螨类
10%浏阳霉素乳油	低毒	1 000 倍液，喷施	叶螨类
20%螨死净胶悬剂	低毒	2 000～3 000 倍液，喷施	叶螨类
15%哒螨灵乳油	低毒	2 000 倍液，喷施	叶螨类
40%蚜灭多乳油	中毒	1 000～1 500 倍液，喷施	苹果绵蚜及其他蚜虫等
苏云金杆菌可湿粉	低毒	500～1 000 倍液，喷施	卷叶虫、尺蠖、天幕毛虫等
10%烟碱乳油	中毒	800～1 000 倍液，喷施	蚜虫、叶螨、卷叶虫等
5%氟虫脲乳油	低毒	1 000～1 500 倍液，喷施	卷叶虫、叶螨等
25%扑虱灵可湿粉	低毒	1 500～2 000 倍液，喷施	介壳虫、叶蝉
5%氟啶脲乳油	中毒	1 000～2 000 倍液，喷施	卷叶虫、桃小食心虫

②杀菌剂。品种及使用技术见表2-3。

表 2－3　无公害农产品苹果园允许使用的主要杀菌剂及使用技术

农药品种	毒性	稀释倍数和使用方法	防治对象
5％菌毒清水剂	低毒	萌芽前 30～50 倍液，涂抹；100 倍液，喷施	苹果树腐烂病、苹果枝干轮纹病
45％代森铵水剂	低毒	萌芽前 200 倍涂抹	苹果树腐烂病、苹果枝干轮纹病
2％农抗 120 水剂	低毒	萌芽前 10～20 倍液，涂抹；100 倍液，喷施	苹果树腐烂病、苹果枝干轮纹病
80％代森锰锌水分散粒剂	低毒	800 倍液，喷施	苹果斑点落叶病、轮纹病、炭疽病
70％甲基硫菌灵可湿粉剂	低毒	800～1 000 倍液，喷施	苹果斑点落叶病、轮纹病、炭疽病
50％多菌灵可湿粉剂	低毒	600～800 倍液，喷施	苹果轮纹病、炭疽病
40％氟硅唑乳油	低毒	6 000～8 000 倍液，喷施	苹果斑点落叶病、轮纹病、炭疽病
1％中生菌素水剂	低毒	200 倍液，喷施	苹果斑点落叶病、轮纹病、炭疽病
27％碱式硫酸铜悬浮剂	低毒	500～800 倍液，喷施	苹果斑点落叶病、轮纹病、炭疽病
石灰倍量式或多量式波尔多液	低毒	200 倍液，喷施	苹果斑点落叶病、轮纹病、炭疽病
50％异菌脲可湿粉剂	低毒	1 000～1 500 倍液，喷施	苹果斑点落叶病、轮纹病、炭疽病
10％多氧霉素可湿粉剂	低毒	1 000 倍液，喷施	苹果斑点落叶病、轮纹病、炭疽病
60％吡唑·代森联水分散粒剂	低毒	1 500 倍液，喷施	苹果斑点落叶病、轮纹病、炭疽病
10％苯醚甲环唑水分散粒剂	低毒	1 500 倍，喷施	苹果斑点落叶病、轮纹病、炭疽病
硫酸铜	低毒	100～150 倍液，灌根	苹果根腐病
12％烯唑醇可湿性粉剂	低毒	2 000～2 500 倍液，喷施	苹果白粉病

（续）

农药品种	毒性	稀释倍数和使用方法	防治对象
50%硫胶悬剂	低毒	200～300 倍液，喷施	苹果白粉病
石硫合剂	低毒	发芽前 3～5 波美度，开花前 0.3～0.5 波美度，喷施	苹果白粉病、霉心病等
843 康复剂	低毒	5～10 倍液，涂抹	苹果腐烂病
43%戊唑醇悬浮剂	低毒	4 000 倍液，喷施	苹果轮纹病、炭疽病、斑点落叶病等
75%百菌清	低毒	600～800 倍液，喷施	苹果轮纹病、炭疽病、斑点落叶病等

（2）限制使用的农药品种及使用技术。品种及使用技术见表 2-4。

表 2-4　无公害农产品苹果园限制使用的主要农药品种及使用技术

农药品种	毒性	稀释倍数和使用方法	防治对象
48%毒死蜱乳油	中毒	1 000～2 000 倍液，喷施	苹果绵蚜、桃小食心虫
50%抗蚜威可湿粉剂	中毒	800～1 000 倍液，喷施	苹果黄蚜、瘤蚜等
25%辟蚜雾水分散粒剂	中毒	800～1 000 倍液，喷施	苹果黄蚜、瘤蚜等
25%高效氯氟氰菊酯乳油	中毒	3 000 倍液，喷施	桃小食心虫、叶螨类
20%甲氰菊酯乳油	中毒	3 000 倍液，喷施	桃小食心虫、叶螨类
30%氰马乳油	中毒	2 000 倍液，喷施	桃小食心虫、叶螨类
80%敌敌畏乳油	中毒	1 000～2 000 倍液，喷施	桃小食心虫
50%杀螟硫磷乳油	中毒	1 000～1 500 倍液，喷施	卷叶蛾、桃小食心虫、介壳虫
10%高效氯氰菊酯乳油	中毒	2 000～3 000 倍液，喷施	桃小食心虫
20%氰戊菊酯乳油	中毒	2 000～3 000 倍液，喷施	桃小食心虫、蚜虫、卷叶蛾等
2.5%溴氰菊酯乳油	中毒	2 000～3 000 倍液，喷施	桃小食心虫、蚜虫、卷叶蛾等

（3）禁止使用的农药。六六六、滴滴涕、毒杀芬、二溴氯

丙烷、杀虫脒、二溴乙烷、除草醚、艾氏剂、狄氏剂、汞制剂、砷、铅类、敌枯双、氟乙酰胺、甘氟、毒鼠强、氟乙酸钠、毒鼠硅、甲胺磷、对硫磷、甲基对硫磷、久效磷、磷胺、苯线磷、地虫硫磷、甲基硫环磷、磷化钙、磷化镁、磷化锌、硫线磷、蝇毒磷、治螟磷、特丁硫磷、甲拌磷、甲基异柳磷、内吸磷（1059）、克百威、涕灭威、灭线磷、硫环磷、氯唑磷、灭多威、硫丹。

6. 科学合理使用农药

（1）加强病虫害的预测预报，做到有针对性的适时用药，未达到防治指标或益害虫比合理的情况下不用药。

（2）根据天敌发生特点，合理选择农药种类、施用时间和施用方法，保护天敌。

（3）注意不同作用机理的农药交替使用和合理混用，以延缓病菌和害虫产生抗药性，提高防治效果。

（4）坚持农药的正确使用，严格按使用浓度施用，施药力求均匀周到。

7. 苹果园病虫害的综合防治

（1）休眠、萌动期。重点防治苹果腐烂病、枝干轮纹病和红蜘蛛，主要措施为清洁果园、刮树皮、树干涂白和树体喷布石硫合剂等药剂。

（2）花期前后。花前重点防治金纹细蛾、叶螨、蚜虫等害虫，花期选用中生菌素、多氧霉素等生物药剂防治苹果霉心病。为了不影响壁蜂、蜜蜂授粉，花期不宜喷施化学农药。

（3）幼果期。谢花后第1、3周，重点防治叶螨、蚜虫、金纹细蛾、棉褐带卷蛾、桃蛀果蛾以及锈病、白粉病等；套袋前3天全园周密喷布一遍杀虫杀菌剂保护幼果；套袋后重点防治斑点落叶病、轮纹病、炭疽病。

（4）果实膨大期。重点防治轮纹病、斑点落叶病、褐斑病、金纹细蛾、二斑叶螨、食心虫等病虫。喷药间隔期一般10~15天，遇雨缩短至7~9天。

（5）采果期前后。重点防治果实轮纹病和炭疽病、大青叶蝉、桃蛀果蛾、叶螨等病虫害。采收前20天停止用药。

（八）防灾减灾

果树遭受的自然灾害主要有冻害、晚霜危害、冰雹灾害、鸟害等。

1. 越冬冻害 指果树越冬（11月至翌年3月）期间，因温度骤降或超常低温而遭受的伤害。主要防控措施：一是8月底以后，减少水分和速效氮肥供应，控制树体旺长，促进枝梢充实；二是落叶前叶面喷施5％尿素，促进养分回流和落叶；三是灌足封冻水，对枝干涂白。

2. 霜冻灾害 霜冻灾害主要指苹果萌芽至幼果期间遭遇的晚霜危害。主要防控措施：一是萌芽后至开花前果园灌水或喷水，延迟萌芽和花期，规避晚霜危害；二是根据天气预报，及时采取果园熏烟、喷水、鼓风等措施，减轻晚霜危害。

花期遭受晚霜危害的果园，及时喷布植物激素和营养液等、进行人工授粉，同时要加强肥水管理和病虫害综合防治，复壮树势。

3. 冰雹灾害 频发冰雹灾害的果园宜架设防雹网。受灾果园要及时喷布杀菌剂，剪除重伤枝梢，并进行叶面喷肥。

4. 鸟害防控 在果园上部设置防鸟网。

（九）植物生长调节剂类物质的使用

在苹果生产中应用的植物生长调节剂主要有赤霉素类、细胞分裂素类及延缓生长和促进成花类物质等。允许有限度使用对改善树冠结构和提高果实品质及产量有显著作用的植物生长调节剂，禁止使用对环境造成污染和对人体健康有危害的植物生长调节剂。

1. 允许使用的植物生长调节剂及技术要求

（1）主要种类。苄基腺嘌呤、6-苄基腺嘌呤、赤霉素类、乙烯利、矮壮素等。

（2）技术要求。严格按照规定的浓度、时期使用，每年最多使用一次，安全间隔期在 20 天以上。

2. 禁止使用的植物生长调节剂 比久、萘乙酸、2，4-二氯苯氧乙酸（2，4-D）等。

（十）果实采收

根据果实成熟度、用途和市场需求综合确定采收适期。成熟期不一致的品种，应分期采收。

三、包装、运输、储存

（一）包装

选用钙塑瓦楞箱和瓦楞纸箱为包装容器，包装容器内不得有枝、叶、沙、石、尘土及其他异物。内包装材料应新而洁净、无异味，且不会对果实造成伤害和污染。同一包装件中果实的横径差异不得超过 5 毫米。各包装件的表层苹果在大小、色泽等各个方面均应代表整个包装件的质量情况。

（二）运输

1. 运输工具清洁卫生、无异味。不与有毒有害物品混运。

2. 装卸时轻拿轻放。

3. 待运时，应批次分明、堆码整齐、环境清洁、通风良好。严禁烈日暴晒、雨淋。注意防冻、防热、缩短待运时间。

（三）储存

库房无异味。不与有毒、无害物品混合存放。不得使用有损无公害农产品苹果质量的保鲜试剂和材料。

四、生产档案的建立和记录

在生产过程中建立生产技术档案，详细记录产地环境、生产技术、病虫害防治和采收等相关内容，并保存 2 年以上。

无公害农产品大樱桃
标准化生产技术

一、产地环境条件

产地应选择在生态条件良好，远离污染源，并具有可持续生产能力的农业生产区域。产地内土壤、水、空气质量应符合《土壤环境质量标准》（GB 15618—2008）、《农田灌溉水质标准》（GB 5084—2005）和《环境空气质量标准》（GB 3095—2012）的要求。

二、生产技术

（一）园地规划

科学合理确定株行距，株距 2～3 米，行距 4～5 米，授粉树以黑珍珠、拉宾斯等为主。

（二）品种和砧木选择

品种应选用大果型优质品种，如美早、萨米脱、黑珍珠、红灯、拉宾斯、福晨等。砧木以乔化砧木如大青叶、考特、优选大青叶、兰丁 2 号为宜。

（三）栽植

栽植时，穴内施入有机肥，主栽品种与授粉树比例不少于4∶1，选择 S 基因型不同、花期相遇、花粉量大的品种做授粉树，需特别注意的是红灯与美早不能互做授粉树。

（四）土肥水管理

1. 土壤管理

（1）深翻改土。栽植前土壤地面撒施有机肥，以农家肥为宜，亩施 3 000～5 000 千克深翻 50 厘米，耙细，起垄或筑台，酸性土壤加施土壤调理剂。

（2）覆膜生草。树盘覆黑色地膜或无纺布，行间生草。

2. 施肥　以有机肥、生物有机肥为主，化肥为辅，增加土壤肥力及土壤微生物活性。所施用的肥料不应对果园环境和果实品质产生不良影响。

（1）允许使用的肥料种类。

①农家肥料。按《绿色食品　肥料使用准则》（NY/T 394—2013）所述的农家肥料执行。包括堆肥、沤肥、厩肥、沼气肥、绿肥、作物秸秆肥、泥肥、饼肥等。

②商品肥料。按《绿色食品　肥料使用准则》（NY/T 394—2013）所述各种肥料执行。包括商品有机肥、腐殖酸类肥、微生物肥、有机复合肥、无机（矿质）肥、叶面肥、有机无机肥等。

（2）禁止使用的肥料。未经无害化处理的城市垃圾或含有金属、橡胶和有害物质的垃圾。未经腐熟的人畜粪尿。未获准登记的肥料产品。

（3）施肥方法和数量。

①基肥。以有机肥为主，混加少量复合肥和铁、钙等中微量元素肥料。一般盛果期果园每亩施 2 000～3 000 千克农家肥或商品有机肥 1 000～2 000 千克，施用方法以沟施为主，沟深 20～30 厘米。

②追肥。

土壤追肥：每年 4 次，萌芽前施 1 次，以氮、钙肥为主；果实膨大期施 2 次，间隔时间 1 周左右，以速效性氮、钾肥为主；采果后追施氮磷钾复合肥。施肥量以当地的土壤条件和施肥特点确定。结果树一般每生产 100 千克大樱桃需追施纯氮（N）1.0 千克、纯磷（P_2O_5）0.5 千克、纯钾（K_2O）1.5 千克。施肥方法是树冠下开沟，沟深 15～20 厘米，追肥后及时灌水。

叶面喷肥：全年 4～5 次，一般果实生长期喷 2～3 次，间隔 7～10 天，以含有中微量元素的优质叶面肥为主，落叶前 1 个月内喷 2 次 1‰～3‰尿素液。

3. 水分管理　灌溉水选用无污染的水库、池塘、河水或地下水。开花前浇水 1 次，膨大期浇水 2 次，采收后到落叶前，根据天气情况浇水 2 次，封冻前浇水 1 次，提倡微喷或滴灌。

（五）整形修剪

以自由纺锤形和细长纺锤形为主，疏层形为辅。为生产大果，保持中庸偏旺树势，外围新梢长度一般 20～40 厘米，红灯、美早等强旺品种 20～30 厘米，拉宾斯、黑珍珠等品种 40～50 厘米。冬季修剪和夏季修剪相结合，以夏季修剪为主，加大骨干枝开枝角度，及时疏除树冠内直立旺枝、密生枝和剪锯口处的萌蘖枝等，以增加树冠内通风透光度。

1. 自由纺锤形树体结构及整形技术

①树体结构。中干直立粗壮，树高 3 米左右，干高 50～60 厘米，中干上着生25～30个骨干枝（下部 8 个左右，中部 13 个左右，上部 6 个左右），骨干枝长度 1.5 米左右，骨干枝粗度在 4 厘米以下，骨干枝角度 70°～90°（下部 90°，中部 80°，上部 70°），骨干枝平均间距 9～10 厘米（下部 6 厘米，中部 7 厘米，上部 24 厘米），亩枝量 27 500 条左右，长、中、短、叶丛枝比例 4∶1∶1∶12（注：第一骨干枝至地上 80 厘米为下部，80～180 厘米为中部，180 厘米至顶端为上部）。

②整形技术。

第 1 年早春，苗木定植后，留 80 厘米定干，抹除剪口下第 2～4 芽，留第 5 芽，抹除第 6、7 芽，留第 8 芽。对第 8 芽以下的芽进行隔三差五刻芽，然后涂抹抽枝宝或发枝素，直至地面上 40 厘米为止。

第 2 年早春，中心干延长枝留 60 厘米左右短截，中上部抹芽同第 1 年，对其中下部芽，每间隔 7～8 厘米进行刻芽；基层发育枝留 2～4 芽极重短截；5 月下旬至 6 月上旬，对中央领导干剪口附近的竞争新梢留 15 厘米左右短截；新梢停长后，除中心领导新梢外，其余新梢扦拉至水平或微下垂状态。

第 3 年早春，对中心干延长枝继续留 60 厘米左右短截，抹芽、刻芽的时间与方式同第 1 年；对中心领导干上缺枝的地方，有叶丛枝的，对其手剧刻芽；对角度较小的骨干枝，拉枝开张角度；对骨干枝背上萌发的新梢，留 5～7 片大叶摘心，促其形成腋花芽；对骨干枝延长头周围的"三叉头"或"五叉头"新梢，选留 1 个新梢，其余摘心控制或者疏除，使骨干枝单轴延伸。

第 4 年早春，对树高达不到要求的，对中心领导枝继续短截、抹芽、刻芽，其余枝拉平，促其成花；树高达到要求的，将顶部发育枝拉平或微下垂。

2. 细长纺锤形树体结构及整形技术

①树体结构。树高 2.8 米左右；干高 0.7 米左右；骨干枝数＞30 个；骨干枝角度＞90°；骨干枝间距 5～7 厘米；骨干枝长度＜1.5 米；骨干枝粗度＜4 厘米；亩枝量 28 000 条左右；长、中、短枝比例 2∶1∶8。

②整形技术（以春栽定干苗木为例）。

第 1 年早春，苗木栽植后留 1.1～1.2 米定干，抹除剪口下第 2～4 芽，保留第 5 芽，抹除第 6～8 芽，保留第 9 芽，其下每隔 7～10 厘米刻一芽，直至地面上 70 厘米高度为止，70 厘米以下芽不再处理。当侧生新梢长到 40 厘米左右时，扭梢至下垂状态。

第 2 年早春，中心领导枝轻剪头，其他侧生枝留 1 芽极重短截，对中心领导枝每隔 5～7 厘米进行刻芽，刻后涂抹普洛马林。5 月上旬，对中心领导梢附近的竞争梢留 2～5 芽短截，控制竞争梢。6 月上旬，当中心领导干上的侧生新梢长至 80 厘米左右时，捋梢或按压，使之呈下垂状态；对中心领导梢自然萌发的二次梢进行捋枝，使之呈下垂状态。7 月上旬，对侧生新梢的上翘生长部分进行拧梢，使新梢上翘部分呈下垂状态。

第 3 年早春，对中心领导枝每隔 5～7 厘米进行刻芽并涂抹普洛马林，对"刻芽＋涂药"后萌发的侧生新梢整形管理同上一年。对中心领导干上缺枝的地方，有叶丛枝的，对其手锯刻芽。对上一年中心领导干上萌发的侧生枝甩放，促其形成大量的叶丛花枝；对角度较小的侧生枝，拉枝至下垂状态。5 月上中旬，对侧生枝背上萌发的新梢进行扭梢控制，或留 5～7

片大叶摘心，促其形成腋花芽。对侧生枝延长头周围的三叉头或五叉头新梢，摘心控制，使侧生枝单轴延伸。侧生枝弓弯处的背上，有的可萌发新梢，留用，培养未来的更新枝。

第4年早春，在树体上部有分枝处落头开心，保持树高2.8米左右；在规定树高位置无分枝的，可任其生长一年，下一年落头开心。对侧生枝（骨干枝）背上萌发的新梢及延长头上的侧生新梢，根据空间大小，或及早疏除，或及早扭梢，或留5～7片大叶摘心控制，保持骨干枝前部单轴延伸。

树体成形后，生长季节及时疏除树体顶部骨干枝背上萌发的直立新梢，防止上强。

（六）花果管理

1. 摘心促花　对于骨干枝背上萌发的新梢、延长头周围的"三叉头"或"五叉头"处的竞争新梢，5～7月进行摘心，控制营养生长，促进花芽形成。

2. 提高坐果率技术

（1）辅助授粉。主要采用蜜蜂授粉、壁蜂授粉、花粉营养液喷雾授粉等。

（2）喷施叶面肥。在谢花期、果实第一次膨大期、着色期各喷施1次海藻酸类液体肥（如德国进口的爱吉富1 000倍液）或腐殖酸类含多种微量元素的叶面肥（如泰宝800倍液）。

3. 膨大果实技术

（1）控花量，疏小果。花前，疏除过密的花枝、短截过长的花枝；及时疏除晚茬花、小果、畸形果。一般每个花束状果枝留3～5个果。

（2）以水调果量。通过谢花后浇水时间的早晚来调整树体坐果量。谢花后立即浇水，增加坐果量；延迟浇水时间，降低坐果量。

（3）追施速效肥。果实迅速膨大期，随着浇水，每亩撒施碳酸氢铵 30 千克和硝酸钾 10 千克，连施 2 次。

（4）适期采收。果实成熟期前 1 周，是膨大果实、增加糖分最明显的时期。适当晚采，可明显增大果实。

（5）增加果实硬度。谢花后 1 周开始，喷钙盐，每 7～10 天喷 1 次。采收前 3 周，喷 1 次 18 毫克/升赤霉素。

（6）促进着色。果实着色期，地面铺设反光膜促进果实着色，对黄红色品种效果明显。

4. 搭建防霜避雨设施　园片进入丰产期后，根据园片立地条件、材料获得的难易、建棚成本等因素，搭建不同类型的避雨防霜设施。在栽培面积较小的地块，可采用四线或三线拉帘式避雨防霜设施，该棚型成本低廉，操作简便；大面积地块，宜采用聚乙烯篷布固定式避雨防霜设施。

（七）病虫害防治

1. 防治原则　以农业和物理防治为基础，生物防治为核心，按照病虫害的发生规律和经济阈值，科学使用化学防治技术，有效控制病虫危害。

2. 农业防治　采用剪除病虫枝、深埋枯枝落叶、刮除树干老翘皮、科学施肥等措施抑制病虫害发生。

3. 物理防治　根据害虫生物学特性，采取安装杀虫灯、粘虫板、粘虫带、糖醋液等方法诱杀害虫。

4. 化学防治

（1）根据防治对象的生物学特性和危害特点，允许使用生物源农药、矿物源农药和低毒有机合成农药，有限度地使用中毒农药，禁止使用剧毒、高毒、高残留农药。

（2）允许使用的农药品种及使用技术。

①杀虫杀螨剂。品种及使用技术见表2-5。

表2-5　无公害农产品大樱桃园允许使用的主要杀虫杀螨剂

农药品种	毒性	稀释倍数和使用方法	防治对象
1%阿维菌素乳油	低毒	5 000倍液，喷施	叶螨、桃潜叶蛾
10%吡虫啉可湿粉	低毒	2 000倍液，喷施	蚜虫、绿盲蝽、梨网蝽等
25%灭幼脲3号悬浮剂	低毒	1 000~2 000倍液，喷施	桃潜叶蛾
5%噻螨酮乳油	低毒	2 000倍液，喷施	叶螨类
10%浏阳霉素乳油	低毒	1 000倍液，喷施	叶螨类
20%螨死净胶悬剂	低毒	2 000~3 000倍液、喷施	叶螨类
5%氟虫脲乳油	低毒	1 000~1 500倍液，喷施	卷叶虫、叶螨等
25%扑虱灵可湿粉	低毒	1 500~2 000倍液，喷施	介壳虫、叶蝉
5%甲维盐	低毒	1 000~2 000倍液，喷施	卷叶虫、梨小食心虫
40%毒死蜱	中毒	1 000~1 200倍液，喷施	桑白蚧、草履蚧、绿盲蝽、梨网蝽等

②杀菌剂。品种及使用技术见表2-6。

表2-6　无公害农产品大樱桃园允许使用的主要杀菌剂

农药品种	毒性	稀释倍数和使用方法	防治对象
5%菌毒清水剂	低毒	萌芽前30~50倍液，涂抹；100倍液，喷施	大樱桃树腐烂病
石硫合剂	低毒	发芽前3~5波美度，喷施	越冬病虫害
21%过氧乙酸水剂	低毒	5倍液，涂抹；果实发育后期500倍液，喷施	流胶病、果实褐腐病

（续）

农药品种	毒性	稀释倍数和使用方法	防治对象
灰铜制剂	低毒	硫酸铜：石灰：水为 1：3：10，早春刮除病斑，涂抹 2 次	流胶病
40%氟硅唑乳油	低毒	萌芽前喷 500 倍液；采果后喷 4 000 倍液	
70%甲基硫菌灵可湿粉	低毒	800～1 000 倍液，喷施	
50%多菌灵可湿粉	低毒	600～800 倍液，喷施	
1%中生菌水剂	低毒	200 倍液，喷施	
27%铜高尚悬浮剂	低毒	500～800 倍液，喷施	褐斑穿孔病、叶斑病
石灰倍量式或多量式波尔多液	低毒	1：（2～3）：200 倍液，喷施	
80%代森锰锌水分散粒剂	低毒	600～800 倍液，喷施	
43%戊唑醇可湿粉	低毒	4 000～5 000 倍液，喷施	
72%农用链霉素	低毒	2 000 倍液，喷施	
20%叶枯唑可湿粉	低毒	800 倍液，喷施	细菌性穿孔病
50%异菌脲可湿粉	低毒	1 000～1 500 倍液，喷施	灰霉病

（3）禁止使用的农药。六六六、滴滴涕、毒杀芬、二溴氯丙烷、杀虫脒、二溴乙烷、除草醚、艾氏剂、狄氏剂、汞制剂、砷、铅类、敌枯双、氟乙酰胺、甘氟、毒鼠强、氟乙酸钠、毒鼠硅、甲胺磷、对硫磷、甲基对硫磷、久效磷、磷胺、苯线磷、地虫硫磷、甲基硫环磷、磷化钙、磷化镁、磷化锌、硫线磷、蝇毒磷、治螟磷、特丁硫磷、甲拌磷、甲基异柳磷、内吸磷、克百威、涕灭威、灭线磷、硫环磷、氯唑磷、灭多威、硫丹。

5. 大樱桃园病虫害的综合防治 见表 2-7。

表 2-7　无公害农产品大樱桃园全年病虫害综合防治

生育期	时间及物候期	防治对象	防治方法及措施
结果树	11月上旬到3月上中旬（休眠期）	越冬病虫害	1. 彻底清园，扫净遗留在果园中的落叶、病果及杂草，减轻越冬基数。2. 整翻园地，冬季冻垡，消灭在土壤中越冬的害虫。3. 刮除老翘皮，剪除病枝，集中烧毁，消灭在皮缝及枝条上越冬的病虫害。4. 刮治流胶病斑，用灰铜制剂涂抹；也可生长季节喷氟硅唑防治流胶病；桑白蚧严重的果园，人工刷杀。5. 对较大的伤口、剪锯口等涂抹果树愈合剂进行保护。6. 结合修剪，剪除树上的病虫枝，集中销毁
	3月上旬到4月上旬（干枝期）	草履蚧	药剂防治：幼龄期喷洒40%毒死蜱1 200倍
		枝干潜伏病虫	全树喷一遍3～5波美度石硫合剂
	4月上旬到6月中旬（花果期）	金龟子（越冬代）	1. 人工防治：成虫发生期，利用其假死性，傍晚摇树振落，集中捕杀。2. 地面防治：成虫出蛰时，于雨后地面喷洒40%毒死蜱。3. 树上防治：全树喷洒40%毒死蜱
		白粉虱	喷洒10%吡虫啉可湿粉剂
		绿盲蝽	1. 清除地面、园边杂草，消灭其寄主栖息地。2. 树上防治：4月中下旬展叶后，喷洒10%吡虫啉可湿粉剂
		潜叶蛾	自4月中下旬，在成虫发生期，每月喷1次25%灭幼脲1 500倍，连续2～3次
		桑白蚧	药剂防治：于5月20日左右，一代幼蚧孵化盛期，喷洒40%毒死蜱1 000倍
		螨类越冬代	树上防治：结合防治桑白蚧进行，重点保护幼果

（续）

生育期	时间及物候期	防治对象	防治方法及措施
结果树	6月中旬到11月中旬（采果后期）	梨网蝽	成若虫发生期：10％吡虫啉1 500～2 000倍
		螨类	药剂防治：常用药剂及倍数：25％三唑锡1 500倍；1.8％阿维菌素5 000倍，兼治潜叶蛾
		穿孔性落叶病	防治时期：发病前或发病初期。常用药剂及浓度：倍量式波尔多液180～200倍、43％戊唑醇3 000～5 000倍、72％农用链霉素2 000倍。喷药次数2～3次。上述药剂最好交替使用。间隔天数7～15天，视降雨及病情酌定。一般采后喷1遍杀菌剂，雨季喷2遍波尔多液
幼树	生长发育期		潜叶蛾、梨小食心虫（折梢）、红蜘蛛、穿孔性落叶病防治同结果树。叶蝉的防治：一是冬春清园，生长季节清除杂草。二是树干涂白，防止产卵。三是药剂防治，于4月下旬、5月下旬、7月下旬各喷1次25％吡虫啉或20％甲氰菊酯2 000～3 000倍液等

三、果实采收

根据果实成熟度、用途和市场需求综合确定采收期。成熟不一致的品种，应分期采收。

就地销售，果实应完熟。长途运输或储藏保鲜应在八九成熟采收。

四、包装

实行精包装、小包装，每件重量不超过 5 千克，精包装 1～2 千克为宜。每件包装果实大小、色泽应一致。包装箱外粘贴标签，注明果实品种、等级。

包装物应无异味，一般以瓦楞纸箱或泡沫箱为宜。

五、储藏保鲜与运输

用于储藏保鲜的大樱桃在八成熟时采收。宜选择中晚熟、硬度大、含糖量高的品种，如美早、拉宾斯、先锋、萨米脱、黑珍珠等。

一般采用冷风库储藏，入库前进行库房消毒、空库降温、果实分级、果实预冷处理。冷风库储藏温度一般为 $-1\sim1℃$，最适储藏温度 $-0.5\sim0.5℃$；相对湿度 90％～95％。储藏期一般为 30～50 天，及时分期、分批出库销售。

冷链运输，采用带有冷藏设备的运输工具。

六、生产档案的建立和记录

在生产过程中建立生产技术档案，详细记录产地环境、生产技术、病虫害防治和采收等相关内容，并保存 2 年以上。

无公害农产品莱阳茌梨
标准化生产技术

一、产地环境条件

产地应选择在生态条件良好，远离污染源，并具有可持续生产能力的农业生产区域。产地内土壤、水、空气质量应符合《土壤环境质量标准》（GB 15618—2008）、《农田灌溉水质标准》（GB 5084—2005）和《环境空气质量标准》（GB 3095—2012）的要求。

二、生产技术

（一）园地规划

科学合理确定株行距、搭配授粉树。

（二）品种和砧木选择

莱阳茌梨砧木共有 3 种：杜梨、豆梨和秋子梨。

（三）土肥水管理

1. 土壤管理

（1）深翻改土。分为扩穴深翻和全园深翻，每年秋季果实采收后结合秋施基肥进行。扩穴深翻为在定植穴（沟）外挖环状沟或平行沟，沟宽 80 厘米，深 60 厘米左右。全园深翻为将栽植穴外的土壤全部深翻，深度 30～40 厘米，土壤回填时混以有机肥，表土放在底层，底土放在上层，然后充分灌水，使根土密接。

（2）中耕。清耕制果园生长季节降雨或灌水后，及时中耕松土，保持土壤疏松无杂草。中耕深度 5～10 厘米，以利调温保墒。

（3）覆草和埋草。覆草在春季施肥、灌水后进行。覆盖材料可以用麦秸、麦糠、玉米秸、干草等。把覆盖物覆盖在树冠下，厚度 10～15 厘米，上面压少量土，连覆 3～4 年后浅翻一次。也可结合深翻开大沟埋草，提高土壤肥力和蓄水能力。

（4）种植绿肥和行间生草。行间种植三叶草、苜蓿草等，增加土壤有机质。

2. 施肥

（1）施肥原则。以有机肥为主、化肥为辅，保持或增加土壤肥力及土壤微生物活性。所施用的肥料不应对果园环境和果实品质产生不良影响。

（2）允许使用的肥料种类。

①农家肥料。按《绿色食品　肥料使用准则》（NY/T 394—2013）所述的农家肥料执行。包括堆肥、沤肥、厩肥、沼气肥、绿肥、作物秸秆肥、泥肥、饼肥等。

②商品肥料。按《绿色食品　肥料使用准则》（NY/T 394—2013）所述各种肥料执行。包括商品有机肥、腐殖酸类肥、微生物肥、有机复合肥、无机（矿质）肥、叶面肥、有机无机肥等。

（3）禁止使用的肥料。未经无害化处理的城市垃圾或含有金属、橡胶和有害物质的垃圾。未经腐熟的人畜粪尿。未获准登记的肥料产品。

（4）施肥方法和数量。

①基肥。秋季果实采收后施入，以农家肥为主，混加少量氮素化肥。施肥量按 1 千克莱阳茌梨施 1.5～2.0 千克优质农家肥计算。一般盛果期莱阳茌梨园每亩施 3 000～5 000 千克有机肥。施用方法以沟施或撒施为主。施肥部位在树冠投影范围内。沟施为挖放射状沟或在树冠外围挖环状沟，沟深 60～80 厘米；撒施为将肥料均匀地撒于树冠下，并深翻 20 厘米。

②追肥。

土壤追肥：每年 3 次，第一次在萌芽前后，以氮肥为主；第二次在花芽分化及果实膨大期，以磷钾肥为主，氮磷钾混合使用；第三次在果实生长后期，以钾肥为主。施肥量以当地土壤条件和施肥特点确定。结果树一般每生产 100 千克莱阳茌梨需要追施纯氮（N）1.0 千克、纯磷（P_2O_5）1.0 千克、纯钾（K_2O）1.0 千克。施肥方法是树冠下开沟，沟深 15～20 厘米，肥后及时灌水。最后一次追肥在距果实采收期 30 天以前进行。

叶面追肥：全年 4～5 次。一般生长前期 2 次，以氮肥为主；后期 2～3 次，以磷、钾肥为主，可补施果树生长发育所需的微量元素。常用肥料浓度：尿素 0.3%～0.5%、磷酸二氢钾 0.2%～0.3%，硼砂 0.1%～0.3%，硫酸锌 0.3%～0.5%，氨基酸钙 300～500 倍。最后一次叶面喷肥在距果实采收期 20 天以前进行。

（四）整形修剪

莱阳茌梨生长强健，干性强，成枝力中等，长短枝分化不很明显，短枝容易转化。骨干枝的更新力强。整形修剪应该把握以下要点：

1. 应用主干疏层形时，幼树应多留主枝，大树（18～20年）以后，结合骨干枝更新，逐年调整、处理层间骨干枝，改为延迟开心型，保留5～6个主枝。

2. 第一层主枝上的侧枝要比较自然的安排。培养时可以"先主后侧"，即在主枝生长过程中，不必过于注意侧枝的有无和大小。如无合适的分枝可利用，可暂不顾及，待树长大后，随主枝的开张和势力的减弱，主枝两侧即有较旺的分枝发生，可利用其培养侧枝。

3. 幼树主枝保持30°左右即可。主枝两侧和背后的分枝要充分利用，这样可以防止上强现象。

4. 莱阳茌梨由于枝组寿命较短和有新枝结果的特点，在树冠空间较大处，应多利用延伸型的中、大型枝组，充分发挥其结果能力。待结果多年后部光秃过甚时，再进行枝组自身的更新。在结果能力未下降前，不要急于回缩。

5. 在主枝背上发生的更新枝，要充分利用，不应随便疏除。要使其及早结果，可以用先放后缩法培养枝组；要培养大型枝组或利用做侧枝时，可以逐年短截延长，即使角度较小，结果以后容易向两侧开张。

6. 莱阳茌梨的长果枝也是很重要的结果枝，要充分利用。长度在30厘米以内，可以不短截，待结果后再回缩；长度在30厘米以上的而又腋花芽的可以短截，留部分腋花芽结果。

7. 虽然短果枝或小枝组寿命较短，但死亡以后容易发生更新枝，填补原有空间。所以，对莱阳茌梨的小枝组一般不需要进行细密的修剪。对骨干枝或大型枝组结果部位外移很重而下部又光秃着，可以进行缩剪更新复壮。通过缩剪即可同时更新部分小枝组。莱阳茌梨的主、侧枝和大型枝组角度容易下垂。下垂过甚或者后部光秃时可以进行回缩。回缩以后随着新延长枝的发展，有可培养出大量的新的果枝结果。总之，莱阳茌梨通过对大枝的缩剪，既可维持树势和树体结构，又可更新一部分枝组。

（五）花果管理

1. 授粉

（1）花期进行人工授粉。授粉时应在晴朗无风的上午进行。

（2）壁蜂授粉，一般每亩放蜂 80～100 头。

（3）花期喷肥。花期前后喷 0.3%～0.4% 的尿素溶液，花蕾期或花期喷 0.1%～0.2% 硼砂溶液，均能明显提高坐果率。

2. 疏花疏果及掐花萼

疏花疏果宜早不宜迟，主要抓好三疏，即"疏花芽、疏花朵、疏果"。疏花应从花序分离期 7 天开始，疏果于开花后 10 天开始，1 个月内完成。留果时应选择果型端正，中长果枝和果梗向下的果为主，除去果型不正、虫果和梢头果。

莱阳茌梨区素有掐花萼的习惯，花萼被掐后，果肩发达，果肉脆嫩，是提高莱阳茌梨商品率的主要标志。掐花一般在谢花后 5～7 天进行，半个月内掐完为宜。

3. 晚霜冻的预防

春季随着气温上升，梨树解除休眠并进入生长期，抗寒力迅速降低。此时即使短暂的 0℃ 以下温度也会给幼嫩组织带来致死的伤害。因此，自萌芽至幼果霜冻来临越晚，则受害越重。预防晚霜冻主要采取以下措施：

（1）延迟发芽，减轻霜冻程度。春季多次灌水或喷水，降低地温和树温，延迟发芽；利用腋花芽结果，腋花芽分化较晚，春季萌发和开花都比顶花芽迟，有利于避开晚霜冻；主干涂白，延迟花期，秋末冬初进行主干涂白［生石灰：石硫合剂：食盐：黏土：水＝10：2：2：1：（30～40）］，可以减少对太阳能的吸收，使树体温度在春天变化幅度变缓，延迟萌芽和开花，如果早春用7％～10％的石灰液喷布树冠，可使花期延迟3～5天。

（2）改善果园小气候。一是熏烟法。熏烟能减少土壤热量的辐射散发，同时烟粒吸收湿气，使水汽凝成液体而放出热量，提高气温，根据当地气象预报，有霜冻危害的夜晚，温度降至3℃时即可点火发烟。二是人工降雨、喷水，霜降前利用人工降雨或喷雾向梨树树体上喷水，水遇冷凝结放出潜热，可增加温度，减轻霜冻害。另外，加强综合栽培管理技术，增强树势，可提高树体抗霜冻害的能力。还可在莱阳茌梨园周围营造防护林。

（六）病虫害防治

1. 防治原则　以农业和物理防治为基础、生物防治为核心，按照病虫害的发生规律和经济阈值，科学使用化学防治技术，有效控制病虫危害。

2. 农业防治　采取剪除病虫枝、清除枯枝落叶、刮除树干翘裂皮、翻树盘、地面秸秆覆盖、科学施肥等措施抑制病虫害发生。

3. 物理防治　根据害虫生物学特性，采取糖醋液、频振式杀虫灯等方法诱杀害虫。

4. 生物防治　人工释放赤眼蜂，助迁和保护瓢虫、草蛉、捕食螨等天敌，土壤施用白僵菌防治桃小食心虫，利用昆虫性外激素诱杀或干扰成虫交配。

5. 化学防治 根据防治对象的生物学特性和危害特点，允许使用生物源农药、矿物源农药和低毒有机合成农药，有限度地使用中毒农药，禁止使用剧毒、高毒、高残留农药。

（1）允许使用的农药品种及使用技术。

①杀虫杀螨剂。品种及使用技术见表2-8。

表2-8　无公害农产品莱阳茌梨园允许使用的
主要杀虫杀螨剂

农药品种	毒性	稀释倍数和使用方法	防治对象
1%阿维菌素乳油	低毒	5 000 倍液，喷施	叶螨、梨木虱
0.3%苦参碱水剂	低毒	800~1 000 倍液，喷施	蚜虫、叶螨等
10%吡虫啉可湿粉	低毒	5 000 倍液，喷施	蚜虫、梨木虱等
25%灭幼脲3号悬浮剂	低毒	1 000~2 000 倍液，喷施	桃小食心虫、梨小食心虫等
50%辛·脲乳油	低毒	1 500~2 000 倍液，喷施	桃小食心虫、梨小食心虫等
50%马拉硫磷乳油	低毒	1 000 倍液，喷施	蚜虫、叶螨等
50%辛硫磷乳油	低毒	1 000~1 500 倍液，喷施	蚜虫、桃小食心虫等
5%噻螨酮乳油	低毒	2 000 倍液，喷施	叶螨类
10%浏阳霉素乳油	低毒	1 000 倍液，喷施	叶螨类
20%螨死净乳油	低毒	2 000~3 000 倍液，喷施	叶螨类
15%哒螨灵乳油	低毒	3 000 倍液，喷施	叶螨类
10%烟碱乳油	中毒	800~1 000 倍液，喷施	蚜虫、叶螨等
25%扑虱灵可湿粉	低毒	1 500~2 000 倍液，喷施	介壳虫、叶蝉

②杀菌剂。品种及使用技术见表2-9。

表 2-9　无公害农产品莱阳茌梨园允许使用的主要杀菌剂

农药品种	毒性	稀释倍数和使用方法	防治对象
80%代森锰锌水分散粒剂	低毒	800 倍液，喷施	黑星病、轮纹病
70%甲基硫菌灵可湿粉	低毒	800~1 000 倍液，喷施	黑星病、轮纹病
50%多菌灵可湿粉	低毒	600~800 倍液，喷施	黑星病、轮纹病
40%氟硅唑乳油	低毒	6 000~8 000 倍液，喷施	黑星病、轮纹病、赤星病
27%铜高尚悬浮剂	低毒	500~800 倍液，喷施	黑星病、轮纹病
石灰倍量式波尔多液	低毒	200 倍液，喷施	黑星病、轮纹病、炭疽病
12.5%烯唑醇可湿粉	低毒	2 500~3 000 倍液，喷施	赤星病
70%代森锰锌可湿粉	低毒	600~800 倍液，喷施	黑星病、轮纹病
硫酸铜	低毒	100~150 倍液，喷施	梨根腐病
15%三唑酮乳油	低毒	1 500~2 000 倍液，喷施	赤星病
石硫合剂	低毒	发芽前 3~5 波美度，开花前后 0.3~0.5 波美度，喷施	黑星病、轮纹病
68.5%多氧霉素	低毒	1 000 倍液，喷施	黑斑病等
75%百菌清	低毒	600~800 倍液，喷施	轮纹病等

（2）限制使用的农药品种及使用技术。品种及使用技术见表 2-10。

表 2-10　无公害农产品莱阳茌梨园限制使用的主要农药品种

农药品种	毒性	稀释倍数和使用方法	防治对象
48%毒死蜱乳油	中毒	1 000~2 000 倍液，喷施	梨木虱、桃小食心虫
50%抗蚜威可湿粉	中毒	800~1 000 倍液，喷施	苹果黄蚜、梨二叉蚜等

（续）

农药品种	毒性	稀释倍数和使用方法	防治对象
25%辟蚜雾水分散粒剂	中毒	800～1 000 倍液，喷施	苹果黄蚜、梨二叉蚜等
2.5%三氟氯氰菊酯乳油	中毒	3 000 倍液，喷施	桃小食心虫、叶螨类
20%甲氰菊酯乳油	中毒	3 000 倍液，喷施	桃小食心虫、叶螨类
30%氰马乳油	中毒	2 000 倍液，喷施	桃小食心虫、叶螨类
80%敌敌畏乳油	中毒	1 000～2 000 倍液，喷施	桃小食心虫
50%杀螟硫磷乳油	中毒	1 000～1 500 倍液，喷施	桃小食心虫、介壳虫
10%阿维菌素乳油	中毒	2 000～3 000 倍液，喷施	桃小食心虫
20%氰戊菊酯乳油	中毒	2 000～3 000 倍液，喷施	蚜虫、桃小食心虫等
2.5%溴氰菊酯乳油	中毒	2 000～3 000 倍液，喷施	蚜虫、桃小食心虫等

（3）禁止使用的农药。六六六、滴滴涕、毒杀芬、二溴氯丙烷、杀虫脒、二溴乙烷、除草醚、艾氏剂、狄氏剂、汞制剂、砷、铅类、敌枯双、氟乙酰胺、甘氟、毒鼠强、氟乙酸钠、毒鼠硅、甲胺磷、对硫磷（1605）、甲基对硫磷（甲基1605）、久效磷、磷胺、苯线磷、地虫硫磷、甲基硫环磷、磷化钙、磷化镁、磷化锌、硫线磷、蝇毒磷、治螟磷、特丁硫磷、甲拌磷（3911）、甲基异柳磷、内吸磷（1059）、克百威（呋喃丹）、涕灭威（神农丹、铁灭克）、灭线磷、硫环磷、氯唑磷、灭多威、硫丹。

（七）无公害农产品莱阳茌梨园病虫害的综合防治

见表 2-11。

表 2 - 11　无公害莱阳荏梨园病虫害综合防治历

防治适期	防治对象	防治措施
休眠期（1～2月）	腐烂病、轮纹病、黑星病、梨大食心虫、梨小食心虫、梨木虱、黄粉蚜、二斑叶螨、山楂叶螨、梨网蝽、介壳虫等	清除枯枝落叶，将其深埋或烧毁。结合冬剪，剪除病虫枝梢、病僵果，翻树盘及刮除老树翘皮
萌芽至花期（3～4月）	黑星病、轮纹病、梨木虱、瘿螨、梨二叉蚜、梨黄粉蚜等	此时对梨木虱采取"紧三遍"措施，3～5波美度石硫合剂萌芽前喷枝干，花序分离期喷布甲托或仙生加吡虫啉或阿维菌素 1 次，此中间可喷布 1 次氯氰菊酯。谢花基本结束正值梨木虱 1 代成虫羽化期，喷布吡虫啉或阿维菌素 1 次
幼果期（5～6月）	梨黑星病、梨锈病、桃小食心虫、梨木虱、梨黄粉蚜	喷布代森锰锌、多菌灵、甲基硫菌灵、氟硅唑、烯唑醇等，每 10 天左右 1 次，交替使用。喷布吡虫啉、阿维菌素等
果实膨大期（7～8月）	黑星病、轮纹病、桃小食心虫、梨木虱、梨黄粉蚜	以内吸性强的药剂为主，可与保护性杀菌剂交替使用。树上喷布阿维菌素或桃小灵，随时摘除虫果深埋
果实采收前后（9～10月）	黑星病、轮纹病、茶翅蝽等	喷布福星或28%多菌灵。采果后，选择日暖天气，用菊酯类喷雾消灭梨木虱，压低越冬基数。树干绑草把诱集捕杀
越冬期（11～12月）	各种病虫	做好清园工作，树干涂白

（八）植物生长调节剂类物质的使用

在莱阳荏梨生产中应用的植物生长调节剂主要有赤霉素类、细胞分裂素类及延缓生长和促进成花类物质等。允许有限度使用对改善树冠结构和提高果实品质及产量有显著作用的植物生长调节剂，禁止使用对环境造成污染和对人体健康有危害的植物生长调节剂。

（九）果实采收

根据果实成熟度、用途和市场需求综合确定采收适期。成熟期不一致的品种，应分期采收。

三、包装、运输、储存

（一）包装

选用钙塑瓦楞箱和瓦楞纸箱为包装容器，包装容器内不得有枝、叶、沙、石、尘土及其他异物。内包装材料应新而洁净、无异味，且不会对果实造成伤害和污染。同一包装件中果实的横径差异不得超过5毫米。各包装件的表层莱阳茌梨在大小、色泽等各个方面均应代表整个包装件的质量情况。

（二）运输

1. 运输工具清洁卫生、无异味，不与有毒有害物品混运。

2. 装卸时轻拿轻放。

3. 待运时，应批次分明、堆码整齐、环境清洁、通风良好。严禁烈日暴晒、雨淋。注意防冻、防热、缩短待运时间。

（三）储存

库房无异味。不与有毒、无害物品混合存放。不得使用有损无公害农产品莱阳茌梨质量的保鲜试剂和材料。

四、生产档案的建立和记录

在生产过程中建立生产技术档案，详细记录产地环境、生产技术、病虫害防治和采收等相关内容，并保存 2 年以上。

无公害农产品山东梨
标准化生产技术

一、产地环境条件

产地应选择在生态条件良好，远离污染源，并具有可持续生产能力的农业生产区域。产地内土壤、水、空气质量应符合《土壤环境质量标准》（GB 15618—2008）、《农田灌溉水质标准》（GB 5084—2005）和《环境空气质量标准》（GB 3095—2012）的要求。

沙质土壤，土层深厚，活土层在 50 厘米以上；土壤肥沃、有机质含量在 1% 以上，pH 6～8，0～30 厘米土层含盐量低于 0.3%，坡度低于 15°；地下水位 1.5 米以下，具有良好的排灌条件。

二、园地规划

园内主道宽 4～6 米，作业道宽 1～2 米。园内小区面积一般为 2～4 公顷，平地可大些，坡地可小些。

（一）排灌系统

排灌系统应根据各地自然条件而定。梨园灌溉以水库、水井、塘坝及河流为水源，引水工程干渠比降千分之一，支渠比降千分之三。

（二）山坡地

5°～15°丘陵山地应修梯田，一般水平梯田宽 4～6 米。梯田壁基础地槽要挖到硬质或生土层，地槽的宽度随梯田壁的高度略有不同。梯田修筑前，应在果园最上端按千分之三比降，先挖一条拦水壕。拦水壕要与总排水沟相通，以便及时排除洪水。

（三）防护林

主林带要与当地风方向相垂直，栽乔木树种 4～6 行、灌木树种 4 行。两个主林地间隔距离为 200～400 米，副林带与主林带垂直，栽乔木树种 2～4 行、灌木树种 2～4 行，两个副林带间隔距离 400～800 米。

（四）砧木选择

山东梨的砧木应选用杜梨或褐梨。

三、栽植

（一）整地

按株行距挖深、宽各 0.8～1 米的栽植沟或穴，沟（穴）底填厚 30 厘米左右的作物秸秆。挖出的表土与适量有机肥、磷肥、钾肥混匀，回填沟中。待填至距地面 20 厘米时，灌水浇透，使土沉实，然后覆上一层表土保墒。

（二）栽植方式与密度

平地、滩地和 6°以下的缓坡地按长方形栽植，6°～15°的坡地按等高线栽植。根据土壤肥力、砧木种类和品种特性确定，栽植密度栽植沟穴内施入的有机肥应是《绿色食品　肥料使用准则》（NY/T 394—2013）中规定的农家肥料和商品肥料。

（三）栽植时间

春栽、秋栽均可。秋栽适宜时间为 10 月下旬至 11 月上中旬，春栽以发芽前一周为宜。

（四）苗木选择与处理

选择二年生壮苗，指标见表 2 - 12。核实品种，剔除不合格苗木，修剪伤根，用水浸根后分级栽植。

表 2 - 12　山东梨二年生壮苗标准

项目	指标	项目	指标
侧根数量	5 条以上	茎倾斜度	15°以下
侧根长度	20 厘米以上	根皮与茎皮	无干缩皱皮及损伤
侧根分布	均匀、舒展、不卷曲	整形带内饱满芽数	8 个以上
茎高度	120 厘米以上	砧穗结合部愈合程度	愈合良好
茎粗度	1 厘米以上	砧桩处理与愈合程度	砧桩剪除、剪口环状（或完全）愈合

（五）授粉树配置

主栽品种与授粉品种果实经济价值相仿时，可采用等量成行配置，否则实行差量成行配置［主栽品种与授粉品种的栽植比例为（4～5）：1］。同一果园内栽植 2～4 个品种。山东梨宜以秋梨、红把甜或香水梨为主要授粉品种。

（六）栽植技术

按主栽品种与授粉品种的配置要求，预先挖好栽植穴，将苗木放入穴中央，砸桩背风，舒展根系，扶正苗木，纵横成行。沿苗周围做直径 1 米的树盘，灌水浇透，覆盖地膜保护。定植后按照整形要求立即定干，并采取适当措施保护定干剪口。

四、土肥水管理

（一）土壤管理

1. 深翻改土 幼树栽植后，从定植穴外缘开始，每年秋季结合施基肥向外深翻扩展 0.6～1.0 米。土壤回填时混以有机肥，表土放在底层，底土放在上层，然后充分灌水，使根土密接。

2. 行间生草 有灌溉条件的梨园，提倡行间生草。行间可种植三叶草、百脉根、紫花苜蓿、扁叶黄芪等绿肥作物。通过翻压、沤制等将其转变为有机肥。

3. 中耕除草与树冠覆盖 清耕区内经常中耕除草，保持土壤疏松无杂草，中耕深度 5～10 厘米。树盘内提倡秸秆覆盖，以利保温保湿、抑制杂草生长、增加土壤有机质含量。

（二）施肥

根据土壤地力确定施肥量，多施有机肥，实行氮、磷、钾肥配方施用。

1. 施秋基肥 秋季采果后，结合深翻改土立即进行。以有机肥为主，幼树每株施有机肥 25～50 千克，结果树按每生产 1 千克果施有机肥 2 千克以上的比例施用，并施入少量速效氮肥和磷肥。这一时期氮、磷肥用量分别达到全年用量的 50%、100%。

2. 合理追肥　萌芽前 7～10 天，追施全年氮肥用量的 20%。落花后施入全年氮肥用量的 20% 和全年钾肥用量的 60%。果实膨大期施入全年钾肥用量的 40% 和全年氮肥用量的 10%。其他时间根据具体情况，采用根外施肥补充所需营养。一般根外施肥每 10～15 天 1 次，5～7 月以喷尿素液为主，8～9 月喷磷酸二氢钾等。

（三）水分管理

1. 灌水　根据土壤墒情而定，一般在萌芽前、花后、果实膨大期、采果后、封冻前 5 个时期进行。灌水后及时松土，水源缺乏的果园还应用作物秸秆等覆盖树盘，以利保墒。提倡采用滴灌、渗灌、微喷等节水灌溉措施。

2. 排水　当果园出现积水时，要利用沟渠及时排水。

五、整形修剪

（一）适宜树形

定植后根据栽植密度选择适宜树形，常用树形见表 2-13。

表 2-13　常用树形

树形	密度（株/公顷）	结构特点
主干疏层形	500～626	树高小于 5 米，干高 0.6～0.7 米。主枝 6 个，一层 3 个，二层 2 个，三层 1 个

（续）

树形	密度（株/公顷）	结构特点
小冠疏层形	500～833	树高 3 米，干高 0.6 米，冠幅 3～3.5 米。第一层主枝 3 个，层内距 30 厘米；第二层主枝 2 个，层内距 20 厘米；第三层主枝 1 个，一二层间距 80 厘米，二三层间距 60 厘米。主枝上不配侧枝，直接着生大中小型枝组
单层高位开心形	670～1 005	树高 3 米，干高 0.7 米，中心干高约 1.7 米，0.6 米往上约 1 米的中心干上枝组基轴和枝组均匀排列，伸向四周，基轴长约 30 厘米，每个基轴分生 2 个长放枝组，加上中心干上无基轴枝组，全树共 10～12 个长放枝组，全树枝组共为一层
纺锤形	1 000～1 428	树高不超过 3 米，主干高 0.6 米左右，中心干上着生 10～15 个小主枝、小主枝围绕中心干螺旋式上升、间隔 20 厘米，小主枝与主干分生角度为 80°左右，小主枝上直接着生小枝组

（二）修剪方法

1. 幼树和初果期树 实行"轻剪、少疏枝"。选好骨干枝、延长头，进行中截，促发长枝，培养树形骨架，加快长树扩冠。拉枝开角，调整枝干角度和枝间从属关系，促进花芽形成，平衡树势。

2. 盛果期树 调整生长和结果之间的关系，促进树势中庸健壮。花芽饱满，约占总芽量的 30%。枝组年轻化，中小枝组约占 90%。采取适宜修剪方法，调整树势至中庸状态，及时落头开心，疏除外围密生旺枝和背上直立旺枝，改善冠内光照。对枝组做到选优去劣、去弱留强、疏密适当，3 年更新，5 年归位，树老枝幼。

3. 更新复壮期树 当产量降至 15 000 千克/亩以下时，进行更新复壮。每年更新 1～2 个大枝，3 年更新完毕，同时做好小枝的更新。

各生育期梨树都要加强梨树生长季修剪，拉枝开角，及时疏除树冠内直立旺枝、密生枝和剪锯口处的萌蘖枝等，以增加树冠内通风透光度。

六、花果管理

（一）授粉

除自然授粉外，采用蜜蜂或壁蜂传粉和人工点授等方法辅助授粉，以确保产量，提高单果重和果实整齐度。

（二）疏花疏果

及时疏除过量花果和病虫花果，每隔 20 厘米左右留一个花序，每一个花序留一个发育良好的边果。按照留优去劣的疏果原则，树冠中后部多留，枝梢先端少留，侧生背下果多留，背上果少留。

（三）果实套袋

山东梨套袋后果实不会受到鸟兽的侵害，不会受到果蝇细菌的感染，在生长过程中不会被树枝刮伤。通过套袋，使果点变小、色浅，防止果锈和裂果发生，降低果实的病虫害和农药污染。实践证明，推广套袋技术，不仅促进果实外观颜色好，增加商品果率，同时可提高经济效益。

1. 套袋材料选择　山东梨套袋材料一般是由纸制成的。梨果纸袋基本要求：经风吹日晒雨淋后，不易变形、破损、脱蜡，对梨果的不良影响极小。梨果品质量的高低对纸质、纸层和颜色上均有不同要求，同时还应考虑气候因素的变化。在生产上，双层和单层均有使用，若要达到果皮细而光滑，并可出口，最好套双层袋；使用蜡质木纹纸单层袋应用时间最早，方法得当也可生产优质果。

2. 套袋时间　套袋应在落花后 15～30 天即梨果达大拇指大小时进行，在大小果分明疏果作业完成后就应着手套袋。套袋过晚，果点变大，果实颜色也会变深，为发挥梨果套袋的综合效果，一定要适时套袋。在山东梨栽培中，一般在 5 月上旬进行套袋。

3. 套袋方法　套袋前必须完成疏果作业，还需喷杀虫剂、杀菌剂 1～2 次，由于梨果易发生果锈，套袋前需喷水剂、粉剂农药，忌喷乳剂，针对梨黑星病、黑斑病、轮纹病以及蚜虫、粉蚧等，喷后 10 天后仍未完成套袋作业，余下果还应补喷 1 次再套袋。对梨园套袋需按片进行，便于安排喷药防病虫，先套树的上部果，再套下部果，先将手伸进袋口中，使全袋膨起，再行套袋，袋绑在果枝上，以防大风吹落纸袋，每花序套一果，一果一袋，不可两果一袋。

七、病虫害综合防治

积极贯彻"预防为主，综合防治"的植保方针。以农业和物理防治为基础，提倡生物防治，按照病虫害发生规律，科学使用化学防治技术，经济、安全、有效地控制病虫害。

（一）农业防治

增施有机肥和无机复合肥，增强树体抗病力。结合冬剪剪去病虫枝、干枯枝等，及时清园。生长季节后期注意控氮、控水，防止徒长。严格疏果，合理负载，保持树势健壮。园区及外围 5 米以内不得种植松柏，以有效控制锈病流行。

（二）物理生物防治

充分利用寄生性、捕食性天敌昆虫及病原微生物，调节害虫种群密度，将其种群数量控制在危害水平以下。在园区增添天敌食料，设置天敌隐蔽和越冬场所，招引周围天敌。生长季节采用灯光、树干绑草把、挂糖醋罐等方法，有针对性地诱杀害虫。

（三）化学防治

根据防治对象的生物学特性和危害特点，提倡使用生物源农药和矿物源农药，限制使用低毒和中毒低残留有机合成农药，禁止使用剧毒、高毒、高残留农药。

1. 山东梨可使用的农药品种及使用规定

（1）允许使用植物源杀虫剂、杀菌剂、拒避剂和增效剂，如除虫菊素（5％天然除虫菊素乳油 2 000 倍液）、鱼藤素（2.5％鱼藤素乳油 500 倍液）、大蒜素（自制：大蒜 1 千克；清水 1 千克大蒜磨细搅拌成浓液，过滤取汁液加水 50 千克，叶面喷雾，可防治蚜虫和抑制黑星病的发生）、苦楝（0.5％楝素乳油 600 倍液）、印楝（0.3％印楝素乳油 1 500 倍液）、蓖麻素（蓖麻叶 1 千克捣烂，加水 3 千克过滤喷雾，防治金龟甲和蚜虫）等。

（2）允许释放寄生性捕食性天敌动物，如瓢虫（果园自然种）、捕食螨（果园自然种：智利小植绥螨）、天敌蜘蛛（果园自然种)、昆虫病原线虫(芫菁夜蛾线虫,剂型:1亿条活线虫泡沫塑料吸块袋,兑水500倍液防治天牛类蛀杆害虫)、两栖类动物(饲养蛙类等)。

(3)允许在害虫捕捉器中使用昆虫性外激素,如性信息素或其他动物植物源引诱剂(鳞翅目等害虫活体腹部自制)。

(4)允许使用矿物源农药如波尔多液(1份硫酸铜,2份生石灰,200份水自制)、石硫合剂(1份生石灰,2份硫黄粉,10份清水自制,萌芽前5波美度,生长季节0.3波美度喷雾)、络氨铜(23%络氨铜水剂500倍液喷雾)、可杀得(77%可杀得可湿性粉剂800倍液)、绿得宝(30%绿得宝悬浮剂500倍液)、铜高尚(27.12%铜高尚悬浮剂800倍液)。

(5)允许有限度地使用活体微生物农药,如特立克(剂型:2亿活孢子/克可湿性粉剂800倍液)、阿密西达(25%阿密西达悬浮剂200毫克/升浓度喷雾);苏云金杆菌(剂型:2 000国际单位/毫升悬浮剂,用量:3 000毫升/公顷)、杀螟杆菌棉铃虫型(剂型:100亿活孢子/克粉剂,用量:100克/亩,兑水50千克喷雾)、多角体病毒(剂型:20亿/克棉铃虫核型多角体病毒1 000倍液)、菜青虫颗粒体病毒(剂型:浓缩粉剂,800倍液喷雾);白缰菌(剂型:80亿/克可湿性粉剂,800倍液喷雾)、绿缰菌(剂型:23亿~28亿活孢子/克粉剂,拌100倍细土撒施防治地下害虫);微孢子虫(剂型:高浓缩水剂,每亩用量100克);芫菁夜蛾线虫(剂型:1亿条活线虫泡沫塑料吸块袋兑水500倍液防治天牛类蛀杆害虫)。

(6)允许有限度地使用农用抗生素,如多氧清(剂型:3%水剂,1 200倍液)、武夷菌素(剂型:1%水剂,200倍液)、农抗120(剂型:果树专用型4%水剂,800倍液),克菌康(剂型:3%可湿性粉剂,1 200倍液)。

（7）可限量限次使用部分低毒、中毒性以下化学合成农药。一般在采前 1 个月限用 1 次，如敌敌畏（80％乳油，1 000 倍液）、敌百虫（90％固体 100 克，1 000 倍液）、抗蚜威（50％可湿性粉剂，10 克/亩）、溴清菊酯（2.5％乳油，2 500 倍液）、杀虫双（17％水剂，250 克/亩）、克螨特（73％乳油，3 000 倍液）、尼索郎（5％乳油，2 000 倍液）、百菌清（75％可湿性粉剂，1 500 倍液）、多菌灵（25％可湿性粉剂，800 倍液）、粉锈灵（20％可湿性粉剂，1 200 倍液）、代森锰锌类（80％可湿性粉剂，1 500 倍液）。

2. 科学使用农药

（1）搞好病虫害预测预报，适时用药，未达到防治指标或益害虫比合理的情况下不用药。

（2）根据天敌发生特点，合理选择农药种类、施用时间和使用方法，保护天敌。

（3）注意不同作用机理农药的交替使用和合理混用，以延缓病菌和害虫产生抗药性，提高防治效果。

（4）坚持农药的正确使用，严格按使用浓度施用，施药力求均匀周到。

3. 山东梨园病虫害的综合防治　见表 2 - 14。

表 2 - 14　无公害山东梨园病虫害综合防治历

物候期	防治对象	防治适期或指标	防治措施
落叶至萌芽前	腐烂病、干腐病、枝干轮纹病、叶螨、蚜虫类、介壳虫类、梨木虱	11月及2～3月	清除枯枝落叶，将其深埋或烧毁。结合冬剪，剪除病虫枝梢、病僵果、翻树盘及刮除老粗翘皮、病瘤、病斑等。喷布代森铵、农抗120、菌毒清或3～5波美度石硫合剂（兼治越冬态的叶螨和蚜虫类）

（续）

物候期	防治对象	防治适期或指标	防治措施
萌芽至开花前	腐烂病、干腐病、枝干轮纹病、叶螨类、蚜类、卷叶虫、梨木虱	3月下旬至4月，上年梨木虱、二叉蚜重的园片于铃铛花期	继续刮除病斑和病瘤，并涂腐必清或农抗120等消毒，对大病疤及时桥接复壮。喷布多菌灵或甲基硫菌灵，加10%吡虫啉，加48%毒死蜱或阿维虫清1次
花期	缩果病	盛花期	喷300~400倍硼砂加100倍白糖
落花后至幼果套袋前	黑星病、赤星病、梨木虱、蚜虫类、生理病害	落花后一周开始至套袋前	喷布多菌灵、80%代森锰锌，加20%苯醚甲环唑同时加吡虫啉、阿维菌素类，每15天左右喷1次，交替使用，为防生理病害可掺氨基酸钙等
果实膨大期	黑星病、轮纹病桃小食心虫梨木虱、黄粉蚜二斑叶螨	重点在雨前喷药越冬代出土始期和盛期，卵果率达1%时7~8头/叶	以波尔多液与内吸性强的杀菌剂交替使用 地面喷布48%毒死蜱等，树上喷桃小灵或阿维菌素或吡虫啉，喷布阿维菌素混加螨死净或噻螨酮等
果实采收前后	黑星病、轮纹病、黄粉蚜、康氏粉蚧	采前30天	喷布生物源制剂或低毒低残留农药，如1%中生菌素水剂或铜高尚，喷5%甲维盐或25%扑虱灵可湿粉，在树干上绑草把诱集捕杀，树干上涂白防止产卵，兼治其他病害

注：1. 各山东梨产区小气候不同，病虫害发生时期和种类各异，各产区应根据本区病虫害发生的具体情况，灵活掌握。2. 套袋栽培的梨园，防治蛀果害虫的喷药次数酌减，而对暗光危害的黄粉蚜、康氏粉蚧的防治应加强。

八、植物生长调节剂类物质的使用

在山东梨生产中不允许使用任何化学合成植物生长调节剂。

九、果实采收

根据山东梨果实成熟度、用途和市场需求综合确定采收适期。山东梨因受各植株、果实间的长势和受光情况的影响，成熟和果实大小情况不一致，故必须分批采收。采收时要小心，手握果实向上轻抬，连同果袋一起采下，轻轻放入周转箱等容器中尽量减少摩擦和碰伤，然后再进行摘袋、分级包装处理。

表 2-15　无公害农产品山东梨的感官要求

项目	指　标	
风味	具有本品种的特有风味，无异常气味	
成熟度	充分发育，达到市场或贮存要求的成熟度	
果形	果形端正	
色泽	具有本品种成熟时应有的色泽	
果梗	完整	
果实横径（毫米）	优等品	≥65
	一等品	≥60
	二等品	≥55

十、包装储运

山东梨从基地采摘后放入塑料周转筐中，运输至加工厂，采用人工挑选，剔出上色度不高、果形不正等不符合等级标准的梨果，将符合标准的梨按粒数进行包装，放入库房中保存；包装材料和标识要符合无公害农产品要求。

十一、生产档案的建立和记录

在生产过程中建立生产技术档案，详细记录产地环境、生产技术、病虫害防治和采收等相关内容，并保存 2 年以上。

无公害农产品葡萄
标准化生产技术

一、产地环境条件

产地应选择在生态条件良好，远离污染源，并具有可持续生产能力的农业生产区域。产地内土壤、水、空气质量应符合《土壤环境质量标准》（GB 15618—2008）、《农田灌溉水质标准》（GB 5084—2005）和《环境空气质量标准》（GB 3095—2012）的要求。

葡萄园应建在地势平坦、排灌方便、土壤耕层深厚、土壤结构适宜、理化性状良好的区域，以粉沙壤土、壤土及轻黏土为宜，土壤肥力较高。土层厚度50厘米以上或改良不少于50厘米，pH在6.0～7.5，应避免选择涝洼地和黏重土壤。

适宜葡萄栽培地区最暖月份的平均温度在16.6℃以上，最冷月的平均气温应该在−1.1℃以上，年平均温度8～18℃；无霜期120天以上；年降水量在800毫米以内为宜，采前一个月内的降水量不宜超过50毫米；年日照时数2 000小时以上。

二、生产技术

（一）园地规划设计

葡萄园应根据面积、自然条件和架式等进行规划。规划的内容包括作业区、品种选择与配置、道路、防护林、土壤改良措施、水土保持措施、排灌系统等。

（二）品种选择

选用抗病、抗逆性强、适应性广、商品性好的优质丰产品种。

（三）架式选择

架式有棚架、小棚架、多主蔓扇形篱架、单干双臂篱架和"高宽垂" T 形架等，主要采用多主蔓扇形。

（四）建园

1. 苗木采用脱毒或嫁接苗木。

2. 定植时间 一般选在春季，离地面深 20 厘米左右的土壤温度达到 7～10℃时进行，二年生苗在 4 月中下旬，营养钵苗 5 月 10～30 日为宜。

3. 定植密度 单位面积上的定植株数依据品种、砧木、土壤和架式等而定，常见的栽培密度见表 2-16。合理稀植是无公害鲜食葡萄的发展方向。

表 2-16　栽培方式及定植株数

方式	株行距（米）	定植株数（亩）
小棚架	(0.5～1.0)×(3.0～4.0)	166～444
自由扇形	(1.0～2.0)×(2.0～2.5)	333～134
单干双臂	(1.0～1.6)×(2.0～2.5)	333～167
高宽垂	(1.0～2.5)×(2.5～3.5)	76～267

4. 定植方法

（1）苗木消毒。定植前对苗木消毒，常用的消毒液有3～5波美度石硫合剂或1%硫酸铜溶液。

（2）挖定植坑（沟）。按0.8～1.0米宽、0.8～1.0米深的定植坑或定植沟改土定植。

（3）开沟施肥、筑种植畦。在深耕的基础上，按行距开沟施肥，沟深30～40厘米，宽60厘米，每亩施有机肥3 000千克，葡萄专用肥100千克，与土充分混合均匀施入沟内，覆土做畦并整平地面。栽植沟穴内施入有机肥。

（4）定植。

①栽植二年生苗木时，选择自根苗或嫁接苗，用3～5波美度石硫合剂溶液浸泡根系，然后在定植沟按株距要求挖穴定植，浇足水，并及时划锄保墒。

②栽植营养钵苗时，按株距要求挖穴定植，先将绿苗倒置手中，撕去营养钵，如果营养钵内的基质沙性太强，建议划破营养钵底部，保留原土定植入穴中，底部不可悬空，深度比原土略深，埋土、浇水，并及时划锄保墒。

（五）深翻改土及时中耕

每年秋季果实采收后，结合秋施基肥进行，深度30～40厘米，土壤回填时混以有机肥，表土放在底层、底土放在上层，然后充分灌水，使根土密接。及时中耕，中耕深度5～10厘米，以利调温保墒。

（六）行间生草

行间可以种植三叶草、苜蓿草、高羊茅、黑麦草、鼠茅草或自然生草等，除鼠茅草外其他均需长到40厘米高时留10厘米进行刈割，割下的草覆盖行内，有利于调节生态环境，改善果园小气候，增加土壤有机质。

（七）田间管理

1. 开春给葡萄进行除土　解冻后分两次解除防冻土，第一次在 3 月 15～20 日除一半，第二次在 4 月 1～15 日除另一半。注意不能碰伤枝蔓或芽眼，以防伤流损失营养。

2. 引蔓上架　从 3 月中旬开始至 3 月底结束。

3. 浇萌动水　以春季气温达到 12℃以上，根据土壤墒情和气温变动情况萌芽前浇一遍水，并在 3～5 天内结束，以满足枝条萌动的需要，使得萌动整齐、早展叶、制造养分快，有利于提高坐果率。

4. 抹芽　及时抹去同一芽眼上萌发出 2 个以上的芽或多余的芽（仅留一个）。

5. 定枝　对于所留的果枝与营养枝可按 1：3 的比例，也可按预定产量确定果枝量。适宜时间：花序露出，新梢长10～15 厘米开始。

6. 引缚果枝　将距地面 30 厘米内的花序剪去或吊绑起来，防止土传病害的传染，果枝要按距离排列在架面上，以利于通风透光，并防止大风刮断果枝。

7. 去副梢、去卷须、定果穗　将顶端留两个副梢，各留2～4 片成熟的叶，控制营养生长，促进果实膨大，及时剪除所有卷须。根据品种留果穗也不同，如玫瑰香一个果枝平均留1～1.5 个果穗，宝石与巨峰一般一个果枝可留 1～2 个果穗，还要根据生长势定穗，壮枝多留，弱枝少留或不留，合理负载，提高果穗果粒质量。

8. 摘心　在花前进行，果枝在花序以上 6 片叶处摘心，营养枝要根据生长空间大小，一般除主侧蔓延长枝暂缓摘心外，其余营养枝都在 10～12 片叶子左右进行摘心。

9. 整枝、灌水、顺果穗 对生长过弱和有病的果穗进行摘除，对有些品种的副穗进行修整，确保果穗整齐；视土壤墒情进行浇水，有利于果穗的增长和新梢正常生长；顺果穗使果穗自然下垂，使其正常生长发育。

（八）施肥

1. 施肥原则 以有机肥为主、化肥为辅，保持或增加土壤肥力及土壤微生物活性。所施用的肥料不应对果园环境和果实品质产生不良影响。

2. 允许使用的肥料种类

①农家肥料。按《绿色食品 肥料使用准则》（NY/T 394—2013）所述的农家肥料执行。包括堆肥、沤肥、厩肥、沼气肥、绿肥、作物秸秆肥、泥肥、饼肥等。

②商品肥料。按《绿色食品 肥料使用准则》（NY/T 394—2013）所述各种肥料执行。包括商品有机肥、腐殖酸类肥、微生物肥、有机复合肥、无机（矿质）肥、叶面肥、有机无机肥等。

3. 禁止使用的肥料 未经无害化处理的城市垃圾或含有金属、橡胶和有害物质的垃圾。未经腐熟的人畜粪尿。未获准登记的肥料产品。

4. 施肥方法和数量

（1）基肥。秋季果实采收施入，以农家肥为主，混加少量氮肥，每亩施 3 000 千克以上有机肥。施用方法是沟施为主，条沟施，沟深 50 厘米，宽 40 厘米，要求肥料与土拌匀，不要过于集中，然后将叶杂草同埋。

（2）追肥。

①土壤追肥。每年 3 次，第一次在萌芽前后，以氮磷肥为主；第二次在花芽分化果实膨大期，以磷钾肥为主；第三次在果实生长后期，以钾氮肥为主。结果树一般每生产 100 千克葡萄需追施纯氮 0.6 千克、纯磷 0.3 千克、纯钾 0.6 千克。施肥方法同基肥，追肥后及时灌水，最后一次追肥距果实采收期 30 天以前进行。

②叶面喷肥。全年 4～5 次，一般可在花前 2 周左右喷布 1 次，以硼肥为主，也可加磷、钾、镁、锰等，以改善花器营养，坐果后至果实成熟以磷、钾肥为主，喷 3～4 次，以提高浆果品质，最后一次可在距果实采收期 20 天。

（九）水分管理

萌芽期、浆果膨大期和入冬前需要良好的水分供应，成熟期应控制灌水。多雨地区地下水位较高，在雨季容易积水，需要有良好的排水条件。

（十）整形修剪

葡萄整枝通过休眠期和生长期来完成，可根据不同品种和栽培条件、树势情况较灵活地调节植株修剪量，冬剪时剪除病虫枝、清除病僵果；夏剪时注重摘心、除萌、剪梢以促进分枝，保持架面有条理，通风透光，提高果实质量，达到丰产优质的目标。

1. 冬季修剪 根据品种特性、架式特点、树龄、预定产量等确定结果母枝的剪留长度及更新方式。结果母枝的剪留量为：篱架架面 8 个/平方米左右，棚架架面 6 个/平方米左右。冬剪时根据计划产量确定留芽量：留芽量＝计划产量/（平均果穗重×萌芽率×果枝率×结实系数×成枝率)。

2. 夏季修剪 在葡萄生长季的树体管理中,采用抹芽、定枝、新梢摘心、处理副梢等夏季修剪措施对树体进行控制。

(十一) 花果管理

在花期适时叶面施肥、疏花疏果,以提高坐果率,并采用套袋技术提高果实品质等。

1. 调节产量 通过花序整形、疏花序、疏果粒等办法调节产量。建议成龄园每亩的产量控制在 1 500～2 500 千克以内。

2. 果实套袋 疏果后及早进行套袋,但需要避开雨后的高温天气,套袋时间不宜过晚。套袋前全园喷布一遍内吸性的杀菌剂,可以带袋采收。

(十二) 病虫害防治

1. 防治原则 以农业防治为基础,生物防治、物理防治为核心,合理使用化学防治技术,经济、安全有效地控制病虫害发生。

2. 农业防治 采取剪除病虫枝、清除枯枝落叶、刮除树干翘裂皮、翻树盘、地面秸秆覆盖、科学施肥等措施抑制病虫害发生。

3. 生物防治 充分利用寄生性、捕食性天敌昆虫及病原微生物,控制病虫害种群密度,将其种群数量控制在为害水平以下。在苹果园内增添天敌食料,设置天敌隐蔽和越冬场所,招引周围天敌。饲养、释放天敌,补充和恢复天敌种群。限制有机合成农药的使用,减少对天敌的为害。

4. 物理防治 在树干上捆扎束草、破布、废报纸、集中板等，入冬前从树干上解下，深埋或销毁；同时，树干涂白起到防冻兼治枝干病虫害的作用。

5. 化学防治 根据防治对象的生物学特性和危害特点，允许使用生物源农药、矿物源农药和低毒有机合成农药，有限度地使用中毒农药，禁止使用剧毒、高毒、高残留农药。

（1）允许使用的农药品种及使用技术。

①杀虫剂。品种及使用技术见表 2-17。

表 2-17　无公害农产品葡萄园允许使用的主要杀虫剂

农药品种	毒性	稀释倍数和使用方法	防治对象
50%辛硫磷乳油	低毒	1 000~1 500 倍，喷施	葡萄十星叶甲
石硫合剂	低毒	发芽前 3~5 波美度，花后 0.3~0.5 波美度	葡萄叶螨、葡萄红蜘蛛
5%噻螨酮乳油	低毒	2 000 倍，喷施	葡萄叶螨类
10%浏阳霉素乳油	低毒	1 000 倍，喷施	葡萄叶螨类
15%哒螨灵乳油	低毒	3 000 倍，喷施	葡萄叶螨类
25%噻虫嗪水分散粒剂	低毒	4 000~5 000 倍液，喷雾	绿盲蝽、叶蝉、介壳虫等
25%扑虱灵可湿性粉剂	低毒	1 500~2 000 倍，喷施	介壳虫、绿盲蝽、叶蝉类

②杀菌剂。品种及使用技术见表 2-18。

表 2-18　无公害农产品葡萄园允许使用的主要杀菌剂

农药品种	毒性	稀释倍数和使用方法	防治对象
波尔多液	低毒	200 倍，喷施	葡萄白腐病、黑痘病、炭疽病、霜霉病
10%苯醚甲环唑水分散粒剂	低毒	1 500~2 000 倍，喷施	葡萄白腐病、黑痘病、炭疽病、霜霉病
石硫合剂	低毒	发芽前 3~5 波美度，花后 0.3~0.5 波美度	葡萄白粉病、白腐病、黑痘病、炭疽病

（续）

农药品种	毒性	稀释倍数和使用方法	防治对象
75%百菌清可湿粉	低毒	600～700倍，喷施	葡萄霜霉病
70%甲基硫菌灵	低毒	800～1 000倍，喷施	葡萄灰霉病、白粉病
10%多氧霉素	低毒	1 000倍，喷施	葡萄灰霉病
50%异菌脲可湿粉	低毒	1 000～1 500倍，喷施	葡萄灰霉病、穗轴褐枯病
60%唑醚代森联水分散粒剂	低毒	1 500倍，喷施	霜霉病、白腐病、炭疽病等
80%代森锰锌水分散粒剂	低毒	600～800倍，喷施	白腐病、黑痘病、炭疽病
40%嘧霉胺悬浮剂	低毒	1 000～1 500倍液，喷施	灰霉病
40%氟硅唑乳油	低毒	5 000～7 000倍，喷施	白腐病、炭疽病
78%波尔·锰锌可湿性粉剂	低毒	600倍，喷施	黑痘病、白腐病、霜霉病

（2）限制使用的农药。品种及使用技术见表2-19。

表2-19　无公害农产品葡萄园限制使用的主要农药品种

农药品种	毒性	稀释倍数和使用方法	防治对象
80%敌敌畏乳油	中毒	1 000倍，喷施	葡萄十星叶甲、葡萄虎蛾
2.5%溴氰菊酯乳油	中毒	3 000～4 000倍，喷施	葡萄二星叶蝉、绿盲蝽
20%甲氰菊酯乳油	中毒	2 000～3 000倍，喷施	葡萄二星叶蝉、甜菜夜蛾
58%甲霜灵	中毒	800倍，喷施	霜霉病
乙磷铝	中毒	400～600倍，喷施	霜霉病
5%福美双可湿性粉剂	中毒	600～800倍，喷施	白腐病
40%毒死蜱乳油	中毒	1 000～2 000倍，喷施	介壳虫、绿盲蝽

（3）禁止使用的农药。六六六、滴滴涕、毒杀芬、二溴氯丙烷、杀虫脒、二溴乙烷、除草醚、艾氏剂、狄氏剂、汞制剂、

砷、铅类、敌枯双、氟乙酰胺、甘氟、毒鼠强、氟乙酸钠、毒鼠硅、甲胺磷、对硫磷、甲基对硫磷、久效磷、磷胺、苯线磷、地虫硫磷、甲基硫环磷、磷化钙、磷化镁、磷化锌、硫线磷、蝇毒磷、治螟磷、特丁硫磷、甲拌磷、甲基异柳磷、内吸磷、克百威、涕灭威、灭线磷、硫环磷、氯唑磷、灭多威、硫丹。

6. 科学合理使用农药

（1）加强病虫害的预测预报，做到有针对性地适时用药，未达到防治指标或益害虫比合理的情况下不用药。

（2）根据天敌发生特点，合理选择农药种类、施用时间和施用方法，保护天敌。

（3）注意不同作用机理的农药交替使用和合理混用，以延缓病菌和害虫产生抗药性，提高防治效果。

（4）坚持农药的正确使用，严格按使用浓度施用，施药力求均匀周到。

7. 葡萄园病虫害的综合防治　见表2-20。

表2-20　无公害农产品葡萄园病虫害综合防治历

防治时期	防治对象	防治措施	注意事项
4月10日前（休眠期）	越冬病虫	喷5波美度石硫合剂	上流期结束后应注意葡萄施肥与施肥种类
4月下旬（展叶2~3片）	绿盲蝽	2.5%联苯菊酯微乳剂1 000倍+0.01%芸苔素内酯4 000倍	此时是防治绿盲蝽的关键时期，发芽整齐的园片喷1次即可达到防治效果，如果有冻害或发芽不整齐的园片应间隔7天左右连喷2次
5月中旬（展叶8~10片）	绿盲蝽、炭疽病、黑痘病、灰霉病、介壳虫	60%唑醚·代森联水分散粒剂1 500倍+10%高效氯氟氰菊酯水乳剂3 000倍+叶面肥1 000倍	此时如果遇雨黑痘病、炭疽病即开始侵染为害，喷洒时立柱、铁丝及葡萄老蔓全封闭均匀喷药，降低病菌的初次侵染并兼治病虫害

防治时期	防治对象	防治措施	注意事项
5月下旬（开花前）	炭疽病、黑痘病、灰霉病、霜霉病	75%肟菌·戊唑醇6 000倍＋50%扑海因1 000倍＋400克/升嘧霉胺的悬浮剂1 000倍＋叶面肥2 000倍	花前花后是炭疽病侵染的主要时期，易染炭疽病的品种应选用嘧菌酯进行防治，如果炭疽病轻的园片可选用苯醚甲环唑或甲托等
6月上中旬（花后）	黑痘病、炭疽病、霜霉病、穗轴褐腐病、白腐病、红蜘蛛、蚜虫、介壳虫等	1. 嘧菌酯1 500倍＋高效氯氟氰菊酯25克/升1 500倍＋植物调节剂800倍 2. 40%氟硅唑8 000倍＋植物调节剂800倍＋阿维达螨灵1 200倍＋杀扑磷 3. 代森联800倍＋10%苯醚甲环唑1 500倍＋钙肥800倍	幼果期是各种病害的主要侵染阶段，是防治的关键时期，花后一周要及时进行喷药防治。在农药选择上要选择广谱、安全、长效的杀菌剂为主，同时应注意红蜘蛛、蚜虫、透翅蛾、介壳虫的防治。加植物调节剂能有效提高坐果率 花后期应冲施硝酸铵钙50～100千克，防裂果
6月下旬	炭疽病、黑痘病、灰霉病	1. 10%苯醚甲环唑2 000倍＋69%烯酰吗啉、锰锌800倍 2. 甲霜灵锰锌800倍＋10%苯醚甲环唑1 500倍 3. 1∶1∶200倍波尔多液喷雾	此时白腐病是主要侵染阶段，霜霉病、炭疽病遇雨也大量侵染，应根据天气降雨情况灵活选用农药进行防治
7月上中旬（封穗期）	红蜘蛛、炭疽病、白腐病、霜霉病	1. 40%氟硅唑8 000倍＋40%甲霜灵锰锌800倍＋叶面肥400倍 2. 10%苯醚甲环唑2 000倍＋72%霜脲氰锰锌8 000倍＋哒四螨1 000倍＋叶面肥800倍 3. 40%咪鲜胺800倍＋阿维哒1 200倍＋钙800倍	果粒膨大期应用有机、无机复混肥200～300千克或复合肥200千克，促进果实迅速膨大，补充树体储肥量。此时已进入汛期，降雨频繁，各种病害在高温、高湿的情况下，开始大量侵染危害，在药使用上要内吸性杀菌剂与保护性药剂混合使用才能到达防治效果

（续）

防治时期	防治对象	防治措施	注意事项
7月下旬（果粒膨大期）	霜霉病、白腐病、炭疽病、灰霉病、介壳虫	40%氟硅唑6 000倍＋氟吗啉锰锌800倍＋杀扑磷	1. 在喷药的基础上应及时剪除病穗、稍，并深埋地下或烧毁，防治病菌再次侵染 2. 如果霜霉病发生严重时，应喷1∶1∶200倍波尔多液＋300碳酸氢铵防治效果更好
8月上中旬（果粒着色期）	白腐病、霜霉病、炭疽病、红蜘蛛、灰霉病、房枯病、酸腐病	咪鲜胺锰盐800倍＋烯酰吗啉锰锌800倍＋叶面肥800倍	果实着色增糖时应用高氮高钾复合肥每亩100千克或硝酸钾50千克。此时早熟品种已开始着色进入成熟期，炭疽病、酸腐病、灰霉病开始大量发生应注意防治；中晚熟品种霜霉病、白腐病发生较重应注意防治，并结合人工防治，清除病穗梢等
8月下旬以后（着色到成熟采收期）	炭疽病、白腐病、酸腐病、灰霉病、房枯病	400克/升氟硅唑乳油6 000倍＋69%烯吗·锰锌800倍＋0.2%甲氨基阿维菌素苯甲酸盐1 500倍＋进口全能型助剂5 000倍	进入着色上糖成熟期后，果穗抗病能力下降，易出现裂果现象，是后期防治的关键。此时如果炭疽病重应喷咪鲜胺锰盐等，如果白腐病重应喷40%氟硅唑、10%苯醚甲环唑等，如果霜霉病重，应喷烯酰吗啉锰锌双脒晴锰锌，如果酸腐病重应喷咪鲜胺，如果灰霉病重应喷嘧霉胺、多霉胺。如果混合发生，选用相应的药剂混合使用。果实采收后秋施基肥：应用有机肥200千克＋控施肥150千克＋甲壳素30千克或有机无机复混肥200千克＋甲壳素20千克

8. 植物生长调节剂类物质的使用　允许有限度地使用对改善和提高果实品质及产量有显著作用的植物生长调节剂，禁止使用对环境造成污染和对人体健康有危害的植物生长调节剂。

（1）允许使用的植物生长调节剂及技术要求。主要种类有赤霉素类、乙烯利等。严格按照规定的浓度、时期使用、每年最多使用一次，安全间隔期在 20 天以上。

（2）禁止使用的植物生长调节剂。萘乙酸、2，4 - D、比久等。

三、果实采收

根据果实成熟度、用途和市场需求综合确定采收适期。成熟期不一致的品种，应分期采收。

四、生产档案的建立和记录

在生产过程中建立生产技术档案，详细记录产地环境、生产技术、病虫害防治和采收等相关内容，并保存 2 年以上。

无公害农产品桃
标准化生产技术

一、产地环境条件

产地应选择在生态条件良好，远离污染源，并具有可持续生产能力的农业生产区域。产地内土壤、水、空气质量应符合《土壤环境质量标准》（GB 15618—2008）、《农田灌溉水质标准》（GB 5084—2005）和《环境空气质量标准》（GB 3095—2012）的要求。

果园设计及道路规划要求能够适应果园机械化或便利作业的要求。园地要求给排水条件良好。以理化性状良好的沙壤土为宜，壤土次之，土壤有机质含量不低于0.8%，活土层在50厘米以上，地下水位1.2米以下，pH介于6.0～7.5。

二、园地规划

包括定植小区划分、道路及排灌系统设置、防护林营造及附属建筑等。科学合理确定株行距、搭配授粉树。平地及坡度在6°以下的缓坡地，栽植行适宜南北向；坡度在6°～20°的山地、丘陵地，适宜沿等高线栽植。

三、品种和砧木苗木选择

依据当地气候和交通运输条件、加工能力及栽培习惯等，选用抗病、优质丰产、抗逆性强、适应性广、商品性好的品种。主栽品种要突出优势，合理搭配，同时按照（5～8）：1 的比例配备授粉品种。苗木宜选用毛桃做砧木，苗木质量要求纯度≥95％，侧根数量≥3 条，侧根粗度≥0.3 厘米，侧根长度≥15 厘米，无根癌病和根结线虫病，枝干无介壳虫；苗木高度、粗度分别要求一年生苗木为 70 厘米、0.5 厘米以上，二年生苗木为 80 厘米、0.8 厘米以上；茎倾斜度≤15°；整形带内饱满叶芽数≥5 个。

四、栽植

栽植时期与密度：一般 3 月中下旬至 4 月上旬桃树萌芽前栽植。株行距为（2～4）米×（4～6）米，平地果园行距一般不低于 5 米。栽植方法：一般按确定好的株行距挖深、宽各 50 厘米的定植穴，或按确定的株行距开挖深宽各 50 厘米的定植沟。栽植时，提前 6 小时用杀菌剂混合杀虫剂泥浆浸苗，定植前对根系进行修剪，定植时捋顺苗根，边覆土边轻轻向上提苗、踏实，灌透水，栽植深度以浇透水沉实后苗木嫁接部与地面相平为宜，不宜过深。有条件的地块提倡起垄栽培。

五、土肥水管理

（一）土壤管理

1. 中耕 清耕制果园生长季降雨或灌水后，及时中耕松土，保持土壤疏松无杂草。中耕深度 5～10 厘米，以利调温保墒。

2. 覆草和埋草 覆草在春季施肥、灌水后进行。覆盖材料可以用麦秸、麦糠、玉米秸、干草等。把覆盖物覆盖在树冠下，厚度 10～15 厘米，上面压少量土，连覆 3～4 年后浅翻 1 次。也可结合深翻开大沟埋草，提高土壤肥力。覆盖前，先浅翻树盘，撒施少许尿素等氮肥。树干基部 20 厘米范围内不覆草；土质黏重、地势低洼、易积水的果园不宜覆草。

3. 种植绿肥和行间生草 果园生草。有自然生草和人工种草两种方式。自然生草需要对根系过深、竞争性强的恶性草进行灭除。人工种草的品种，常用的有鼠茅草、早熟禾、白三叶、紫花苜蓿、黑麦草等，在草生长到 30 厘米以上时留 10 厘米左右刈割，将刈割下的草均匀覆盖于树盘，一年刈割 2～4 次，鼠茅草可以不用刈割。

（二）施肥

以有机肥为主、化肥为辅，保持或增加土壤肥力及土壤微生物活性，提倡根据土壤和叶片的营养分析进行配方施肥和平衡施肥。所施用的肥料不应对果园环境和果实品质产生不良影响。

1. 允许使用的肥料种类

①农家肥料。按《绿色食品　肥料使用准则》（NY/T 394—2013）中所述的农家肥料执行。包括堆肥、沤肥、厩肥、沼气肥、绿肥、作物秸秆肥、泥肥、饼肥等。

②商品肥料。按《绿色食品　肥料使用准则》（NY/T 394—2013）中所述各种肥料执行。包括商品有机肥、腐殖酸类肥、微生物肥、有机复合肥、无机（矿质）肥、叶面肥、有

机无机肥等。

③其他肥料。不含有毒物质的食品、鱼渣、牛羊毛废料、骨粉、氨基酸残渣、骨胶废渣、家禽家畜加工废料、糖厂废料等有机物料制成的，经农业部门登记允许使用的肥料。

2. 禁止使用的肥料 未经无害化处理的城市垃圾或含有金属、橡胶和有害物质的垃圾。硝态氮肥和未腐熟的人粪尿。未获准登记的肥料产品。

3. 施肥方法和数量

（1）基肥。果实采收后施入，以农家肥为主，混加少量氮素化肥。施肥量按优质农家肥斤果斤肥计算，一般盛果期桃园每亩施 2 500～4 000 千克有机肥。施用方法以沟施或撒施为主，施肥部位在树冠投影范围内。沟施为挖放射状沟或树冠外围挖环状沟，沟深 20～40 厘米；撒施为将肥料均匀地撒于树冠下，并翻深 20 厘米。幼年树以施用腐熟有机肥结合速效肥为主。定植后第一年在新梢萌发时和新梢停止生长时各施肥 1次，每次单株施尿素 10～15 克。第二年每次各施 1 次复合肥（N、P_2O_5、K_2O 比例 15：15：15），每次单株施肥量为 150～200 克。9 月后应当控制肥水，促进枝条充实。每年于秋冬季落叶前后，以施用有机肥为主，每亩施优质农家肥 2 000 千克或商品有机肥 200～300 千克，施用方法同盛果期果树。

（2）追肥。

①土壤追肥。每年 2 次，每生产 100 千克桃果约需吸收氮（N）0.46 千克、磷（P_2O_5）0.29 千克、钾（K_2O）0.74 千克。施肥时，根据目标产量、土壤、品种、树龄、树势等的差异，结合测土和叶面营养分析结果，参考上述数据确定具体追肥种类和数量。追肥方法可采用沟施（沟深 10～20 厘米）、穴施（在树冠内挖 4～6 个穴，深度在 20～30 厘米），可溶性肥

料可以肥水一体化使用。第一次在萌芽前后，以氮肥为主；第二次在花芽分化及果实膨大期，以磷钾肥为主，氮磷钾混合使用；施肥量以当地的土壤条件和施肥特点确定。施肥方法是树冠下开沟，沟深15～20厘米，追肥后及时灌水。

②叶面喷肥。全年3～5次，一般盛花期喷施1次0.2%的硼砂溶液，果实迅速膨大期喷施1～2次0.3%～0.5%磷酸二氢钾溶液，9月以后喷施1～2次0.5%的尿素液，叶面追肥时可补施果树生长发育所需的微量元素。常用肥料浓度：尿素0.3%～0.5%，磷酸二氢钾0.2%～0.3%，硼砂0.1%～0.3%，微量元素适量。

基肥和追肥必须结合适宜土壤墒情进行。

（三）水分管理

1. 灌水 根据土壤墒情而定，一般在萌芽前、花后、果实膨大期、采果后、封冻前5个时期进行。灌水后及时松土，水源缺乏的果园还应用作物秸秆等覆盖树盘，以利保墒。提倡采用滴灌、渗灌、微喷等节水灌溉措施。

2. 排水 当果园出现积水时，要利用沟渠及时排水。

六、整形修剪

根据不同品种、树龄、立地条件等进行整形修剪，冬季修剪时剪除病虫枝，清除病僵果。加强桃生长季修剪，拉枝开角，及时疏除树冠内直立旺枝、密生枝，以增加树冠内通风透光度。

（一）树形

根据不同的密度，采用自然开心形、杯状形、纺锤形或

"Y"字形。

1. 自然开心形 适于稀植大冠。树干高 40 厘米左右，选留 3 个主枝，所选主枝应长势相仿，分布均匀一致，主枝与地面的角度为 60°～70°，每主枝配置 2～3 个侧枝。在选留侧枝的同时，多留枝组和结果枝。

2. 杯状形 适于中等密度。树形与自然开心形相似。树干高 50 厘米左右，选留 3 个主枝，所选主枝应长势相仿，分布均匀一致，主枝与地面的角度为 60°～70°。主枝上不再配置侧枝，而在主枝上直接配备大、中、小结果枝组。

3. 纺锤形 主干高度 50 厘米左右，树高 3～3.5 米。有直立、强壮的中心领导干，在中心干上螺旋状均匀排列着生 25～30 个分枝。分枝基部角度 80°～90°，基部粗度不超过其着生处中央领导干粗度的 1/4。适宜于栽植密度为（1.0～1.5）米×（3～4）米的果园。

4. "Y"字形 适于高度密植。树干高 50 厘米左右，留 2 个朝向行间的主枝，两主枝与地面的角度为 60°～70°，两主枝上不留侧枝，直接配备大、中、小型枝组。

（二）修剪

1. 冬季修剪 修剪方法有短截、长放、疏枝、回缩、拉枝、压枝等。幼树在培养树形骨架的同时，应适当轻剪，增加枝量，缓和树势。对成年树修剪，根据树势强弱而定，对下部和内膛的细弱枝适度短截，更新复壮。对以中长果枝结果为主的品种，适宜采用长枝修剪技术。长枝修剪以疏枝、回缩和长放为主，基本不短截。在修剪时，注意枝组更新复壮，运用抑前促后的方法，稳定结果部位，延缓结果部位的外移。

2. 夏季修剪 夏季修剪包括抹芽、摘心、扭梢、剪梢等。

对各级延伸枝剪口附近的竞争芽、主枝主干以下的萌芽及砧木上的萌蘖都应抹除。5月下旬，对徒长梢、骨干延伸梢的竞争梢应及时摘心、拧梢，控制徒长。7月尽早剪除新发背上旺梢、过密枝梢，改善树体通风透光条件。

3. 幼树期和初果期树修剪 此期修剪以快速扩大树冠、培养骨架、合理配置侧枝或结果枝组为主要目的。要求生长季修剪和休眠期修剪相结合。生长季修剪主要是采取抹芽、摘心、拉枝等方法控制直立旺长枝条的生长，调整枝条分布和生长角度；休眠期修剪主要是拉枝开角，疏除竞争枝、细弱枝、密生枝、病虫枝，选择长势、角度适宜的枝条作为延长枝。

4. 盛果期树修剪 以生长季节修剪为主，每年2～3次，重点疏除直立旺长枝、过密枝、重叠枝。休眠期修剪重点调整结构、平衡树势、更新复壮结果枝组。

5. 郁闭园的修剪 适当去除或回缩部分干扰树形的侧枝，明确层级，使主次分明；借助修剪，适当回缩抬高主枝角度，疏除下垂枝，回缩低位枝，使行间通风透光。

七、花果管理

（一）实行人工授粉和疏花疏果，严格控制负载量

对花量大、坐果率高的品种进行疏花疏果。疏花在花蕾至盛花初期进行。疏果在花后2周至果实硬核期前进行。根据果个大小，结合目标产量，参照下列标准留果：长果枝（30厘米以上）留3～4个，中果枝（15～30厘米）留1～3个，短果枝（15厘米以下）、花束状结果枝留1个。辅助授粉：对花粉量少、坐果率不高的品种，花期要根据气候条件，进行人工授粉或利用壁蜂、蜜蜂进行辅助授粉。

（二）实行果实套袋

1. 套袋 对中晚熟、大果型、易裂果品种进行套袋。套袋在定果后进行。套袋前，全园喷洒 1 遍杀虫杀菌剂；套袋时注意将幼果置于果袋中间，勿使纸袋与幼果产生摩擦。

2. 摘袋 在果实采收前 10～15 天摘袋。

3. 摘叶、铺反光膜 摘袋以后，将贴近果实、影响着色的叶片摘去，在树冠下顺行向铺设反光膜。

八、病虫害防治

贯彻"预防为主，综合防治"的植保工作方针，以农业防治和物理防治为基础，以生物防治为核心，根据病虫害发生的规律和经济阈值，科学使用化学防控技术，有效控制病虫危害。

（一）农业防治

新建园避免桃、梨等混栽；加强土肥水管理，增施有机肥，果园行间生草，改善土壤的理化性状；合理整形修剪，适度调节结果量，保持树体健壮，提高桃树自身的抗病能力；采取剪除病虫枝、病虫僵果，刮除粗翘树皮，清除枯枝落叶、树干涂白等措施，抑制或减少梨小食心虫、桃潜叶蛾、桃穿孔病、桃炭疽病、桃树流胶病等的发生。

（二）生物防治

保护和利用瓢虫、草蛉、捕食螨和寄生蜂、寄生蝇等天敌，采用自然或人工生草法栽培，创造适宜自然天敌繁殖的环境。利用有益微生物或其代谢物，如利用昆虫性外激素诱杀梨小食心虫、桃潜叶蛾等害虫。

（三）物理防治

用诱虫灯诱杀桃蛀螟、卷叶蛾、金龟子等；利用糖醋液（糖 5 份，酒 5 份，醋 20 份，水 80 份）诱杀梨小食心虫、桃蛀螟、红颈天牛等；树干缠草把诱集越冬幼虫；人工挖除桃红颈天牛幼虫、捕捉成虫；利用黄色黏虫板诱杀蚜虫、椿象等。

（四）化学防治

合理选用农药。提倡使用生物源农药、矿物源农药，有限度地使用低毒、低残留的有机合成化学农药，控制施药量和安全间隔期，每种有机合成化学农药在年生长期内只允许使用 1 次。最后一次施药距离采收期应在 30 天以上。

1. 桃穿孔病　萌芽前喷施 1 次 3～5 波美度石硫合剂，展叶后、果实膨大期喷施 72％农用链霉素 4 000 倍液或 25％噻枯唑可湿性粉剂 600～800 倍液。

2. 细菌性根癌病　栽植前后用 1％硫酸铜溶液或"K-84"放线菌 30 倍液浸根，生长期发病时用 90％新植霉素 3 000～4 000 倍液灌根。

3. 桃炭疽病　萌芽前喷施 1 次 3～5 波美度石硫合剂。谢花后 7～10 天、采收前 40 天喷施 80％代森锰锌可湿性粉剂 600～800 倍液，或 70％甲基硫菌灵 800～1 000 倍液，或 10％多抗霉素可湿性粉剂 3 000 倍液，交替使用。

4. 桃流胶病　萌芽前喷施 1 次 3～5 波美度石硫合剂。生长期喷施 10％多抗霉素可湿性粉剂 2 500～3 000 倍液，或

80％代森锰锌可湿性粉剂 600～800 倍液和 90％新植霉素可湿性粉剂 3 000～4 000 倍液混合喷施，或 70％甲基硫菌灵可湿性粉剂 600 倍和 90％新植霉素可湿性粉剂 3 000～4 000 倍液混合喷施。

5. 桃褐腐病 萌芽前喷施 1 次 3～5 波美度石硫合剂。花期前后、果实成熟前 1 个月喷施 70％甲基硫菌灵 800～1 000 倍液，或 10％多抗霉素可湿性粉剂 3 000 倍液，交替使用。

6. 梨小食心虫 在产卵高峰期、幼虫孵化期，喷施 25％灭幼脲 3 号悬浮剂 1 000～1 500 倍液，或 2.5％溴氰菊酯乳油 1 500～2 000 倍液。

7. 蚜虫类 萌芽后或发生时，喷施 10％吡虫啉可湿性粉剂 2 000～3 000 倍液，或 5％啶虫脒乳油 1 000～1 500 倍液，或 20％啶虫脒微乳剂 8 000～10 000 倍液。

8. 桑白蚧 在若虫孵化期，及时喷施 25％噻嗪酮可湿性粉剂 1 500～2 000 倍液，或 10％吡虫啉可湿性粉剂 2 000 倍液。

9. 山楂红蜘蛛 萌芽前喷施 1 次 3～5 波美度石硫合剂。谢花后发生时喷施 10％哒螨灵乳油 3 000 倍液或 5％噻螨酮乳油 1 500～2 000 倍液。

10. 桃潜叶蛾 展叶期、幼虫发生盛期，喷施 25％灭幼脲 3 号悬浮剂 1 000～1 500 倍液，或 20％杀铃脲悬浮剂 4 000～5 000 倍液，或 2.5％三氟氯氰菊酯乳油 3 000～4 000 倍液。

（五）无公害农产品桃园周年作业历

见表 2-21。

表 2 - 21　无公害农产品桃园周年作业历

时间	作业项目	管理内容
12 月至翌年 3 月上旬	整形修剪	根据不同品种、树龄、立地条件等进行整形修剪
3 月上中旬	施基肥 追肥 浇水	秋季未施基肥的需补施，施基肥不足的需追肥。基肥一般旺树少施，弱树多施，稳定树斤果斤肥。追肥主要追施速效氮肥。肥后直接浇水
3 月下旬	喷药	发芽前喷 1 遍 5 波美度的石硫合剂，以防桃缩叶病、细菌性穿孔病、褐腐病、红蜘蛛、蚜虫和介壳虫等多种病虫害
4 月上旬	喷药	开花前喷洒 1 遍 50%辛硫磷乳油 1 000～1 500 倍，可兼治食心虫、蚜虫、介壳虫等
4 月下旬	喷药	在落花 90%时，喷药防治红蜘蛛、蚜虫和梨小食心虫
4 月下旬至 5 月上旬	人工疏果 夏季修剪	落花后进行人工疏果。对位置角度不好的枝和徒长枝进行撑、拉、别等夏季修剪措施
5 月上中旬	追肥浇水	落花后 1 周，平均每株追施 250 克硫酸铵，并随后浇水
	喷药	在桑白介壳虫孵化及桃蚜卵孵化盛期喷 1 遍 20 倍的柴油乳剂。为了防治桃褐腐病、炭疽病等病害，在谢花后 10 天左右开始至采收前，每隔 10 天喷 1 次 50%的多菌灵 800～1 000 倍液
5 月下旬	喷药	红蜘蛛、蚜虫和食心虫等虫害发生时，喷洒 20%螨死净胶悬剂 3 000 倍或 5%尼索朗乳油1 500 倍
6 月上旬	套袋	易裂果、长锈和部分罐藏用品种，在喷药后施行套袋，并扎紧袋口。早熟品种采收
6 月中旬	追肥	此时追肥是促进果核生长的关键措施。每株树可施硫酸铵 250～500 克、硫酸钾 250 克、过磷酸钙 500 克

（续）

时间	作业项目	管理内容
6月下旬	喷药	有梨小食心虫、红蜘蛛、桃蚜和桃蛀螟等害虫发生时，可喷洒50%马拉硫磷乳油1 000倍液
7月	喷药，采收	根据品种的成熟度及用途进行采收。鲜食在八九成熟时采收，罐藏用的七八成熟时采收
8月	喷药	主要防治食心虫对晚熟品种的危害。药剂同前
9月	追肥浇水，剪秋梢	为恢复树势，每株可施尿素0.2千克，追肥后及时浇水。将枝条顶端不充实的幼嫩部分剪去，以充实枝条，促进花芽分化。晚熟品种采收
10月	施基肥浇水	采收后开始施基肥，施肥量和施肥方法参考3月上中旬部分。施肥后直接浇水
11月	灌封冻水培土	封冻前灌一次透水，同时为树干基部培土，以保墒和提高抗寒能力。秋雨过多的年份少灌或不灌

九、果实采收、包装、储运

（一）采收

根据品种特性、果实成熟度（在果实表现出固有的品质特性，包括色泽、风味和口感等时开始采收）、用途、销售距离、运输工具和市场需求综合确定采收适期。成熟期不一致的品种，应分期采收。采收宜在晴天上午或阴天进行，雨天或中午烈日高温时不宜采果。整个采收过程中须避免机械损伤和暴晒。

（二）包装、储运

1. 包装 包装容量不宜超过5千克。

2. 运输　运输工具应清洁，有防晒、防雨设施。运输过程不应与有毒、有害、有异味的物品混运，应轻装轻卸，不要重压，避免对果实造成损伤。

3. 储存　储存场所应清洁、通风，并有防晒、防雨设施。产品不得与有毒、有害、有异味的物品混存。

十、生产档案的建立和记录

在生产过程中建立生产技术档案，详细记录产地环境、生产技术、病虫害防治和采收等相关内容，并保存 2 年以上。

无公害农产品草莓保护地
标准化生产技术

一、产地环境条件

产地应选择在生态条件良好，远离污染源，并具有可持续生产能力的农业生产区域。产地内土壤、水、空气质量应符合《土壤环境质量标准》（GB 15618—2008）、《农田灌溉水质标准》（GB 5084—2005）和《环境空气质量标准》（GB 3095—2012）的要求。

二、生产技术管理

（一）保护地设施的规格要求

1. 塑料中棚 高 1.5～2 米，跨度 6～8 米，长度不低于 40 米。

2. 塑料大棚 高 2～2.5 米，跨度 8～10 米，长度不低于 60 米。

（二）保护地土壤肥力等级的划分

根据保护地土壤中的有机质、全氮、碱解氮、有效磷、有效钾等含量高低而划分的土壤肥力等级。具体等级指标见表2－22。

表 2-22 草莓保护地土壤肥力分级表

肥力等级	土壤养分测试值				
	全氮（%）	有机质（%）	碱解氮 （毫克/千克）	磷（P$_2$O$_5$） （毫克/千克）	钾（K$_2$O） （毫克/千克）
低肥力	0.10～0.13	1.0～2.0	60～80	100～200	80～150
中肥力	0.13～0.16	2.0～3.0	80～100	200～300	150～220
高肥力	0.16～0.20	3.0～4.0	100～120	300～400	220～300

（三）栽培方式的划分

1. 促成栽培 8～9月定植，初冬上市。

2. 半促成栽培 9～10月定植，早春上市。由于品种的更新，引入章姬，结果连续性好，果实采收期大幅延后，可采收至5月底，完全替代了半促成栽培的采收期。因此，近几年，半促成栽培在烟台市已少有种植。

（四）保温覆盖方式

棚室外加盖3～5厘米厚的草苫或棉被。

（五）品种选择

选择抗病、优质、高产、耐储运、商品性好、适合市场需求的品种。促成栽培选择休眠性浅的品种，如章姬、丰香等。

（六）育苗

培育无毒、无菌的优质脱毒苗是生产无公害农产品草莓的前提。

1. 用棚外露地越冬的脱毒苗作为育苗母株，脱毒苗连续使用不得超过 3 年。

2. 建立专用繁苗圃，只能用没生产过草莓的生荏地做繁苗圃，不得用草莓生产地块做繁苗圃，在同一繁苗圃内繁同一品种不得超过 3 年。

3. 不用生产母株做繁苗母株，防止病菌的传播。

4. 整畦时，每 2 米起一宽垄，呈两面坡状。育苗时间以 4 月中下旬为宜。采取沟底定植，每沟定植两行，株距 15 厘米，行距 20 厘米。栽植深度以"深不埋心，浅不露根"为宜。

5. 育苗期间，田间操作以整理植株及除草为主，使分化的草莓幼苗在垄坡上扎根。水分管理，保持土壤见干见湿即可。5 月，可适当补充少量肥料，以促进植株生长。

6. 汛期管理 草莓繁苗地块，如果雨后排水不畅造成田间积水，极易诱发炭疽病大面积发生。因此，应提前做好排水沟渠，使其达到雨停田干、不积水。为防止病害发生，要做好雨后涝浇园等工作。

7. 假植 保护地栽培，应进行假植。假植是促进子苗提早进行花芽分化的重要生产措施。

（1）假植时间为 7 月中下旬至 8 月中旬。

（2）假植密度是 10 厘米×15 厘米。

（3）假植深度掌握"深不埋心，浅不露根"的原则。

（4）假植期间加盖遮阳网，如遇雨水较多年份，可加盖小拱棚避雨。

8. 定植

（1）定植前的土壤准备。

①定植前 15 天，亩施优质腐熟粪肥 5 000 千克，若不足可增施生物肥 40 千克和磷酸二铵 20 千克。

②将基肥均匀撒入生产地后，深翻 30 厘米，整平。

③定植前5～7天起垄，如果采用传统垄底定植模式，每60厘米起一条垄，垄高15厘米，垄宽40厘米，沟宽20厘米；如果采用滴灌栽培模式，每80厘米起一条垄，垄高30～40厘米，垄宽40厘米，沟宽40厘米。做垄结束后，及时安装滴灌，并浇透水造墒备用。

（2）分级定植。传统垄底定植，将同级苗按18厘米株距定植于垄底，每垄定植两行；采用滴灌栽培模式，按株距15厘米定植于垄顶，每垄定植两行，定植深度适宜，深不埋心，浅不露根。

（3）定植后管理。

①定植后顺沟浇透水。有滴灌的，可用滴灌浇透水。

②缓苗后及时追肥浇水。促使苗健壮生长，及时摘除下部病黄叶和抽生的葡匐茎。

③扣棚保温。适期保温是草莓促成栽培的关键技术，保温适期的大气平均温度在16℃左右。烟台市一般在10月中旬。

④加盖地膜。扣棚后10～15天加盖黑地膜，盖地膜后，立即破膜引苗。

⑤增温、长日照处理。加盖草苫增温，增加灯光照明，延长光照时间达13小时以上，提早成熟。

⑥扣棚后温度管理。保温开始初期，为防止植株进入休眠，并促进花芽的发育，白天28～30℃，最高不超过35℃，夜间12～15℃，最低不低于8℃；现蕾期温度，白天25～28℃，夜间10℃；开花期温度，白天23～25℃，夜间8～10℃；果实膨大期，白天20～23℃，夜间5～7℃。

⑦肥水管理。第一次顶花序即将吐蕾时和顶果长到小拇指大小时，酌情各追一次肥。每亩随水冲施硫酸钾5千克和磷酸二氢钾10千克。在保温前后（上棚纸）浇一水，盖地膜前后

浇一水，以后根据情况补水，浆果成熟期适当控水。

⑧不允许使用的肥料。在生产中不应使用城市垃圾、污泥、工业废渣和未经无害化处理的有机肥。

⑨防止畸形果。当有 5% 草莓开花时把蜂箱放在棚内，按 10 株草莓 1 只蜜蜂的比例放养，放蜂后棚温保持 20～23℃，遇到阴天做好通风换气工作，降低湿度，促进蜜蜂传粉；及时进行植株调整，去掉老叶、匍匐茎，疏掉过多的花果。

（七）病虫害防治

防治原则贯彻"预防为主，综合防治"的植保方针，以物理防治、生物防治为主，辅以化学防治。

1. 选用抗病品种。

2. 栽植无病毒苗。

3. 土壤消毒，夏季休棚期，利用太阳能进行高温闷棚，杀灭土壤病虫。

4. 加强栽培管理，合理密植，实行起垄覆膜栽培。发现病株后，及时摘除病叶，并进行深埋或销毁，同时加强通风散湿。

5. 物理防治 繁苗期间，地块悬挂频振式杀虫灯，杀灭害虫。扣棚之初，及早棚内张挂黄板，以杀灭棚内蝇类、蚜虫等害虫；安装硫黄熏蒸器，以杀灭白粉病、灰霉病等病菌。

6. 化学防治 在病虫危害初期及早喷药防治，严禁使用高毒、高残留农药，喷药均匀，叶片正反面都喷到，使用浓度和间隔天数严格执行《农药安全使用标准》（GB 4285—89），采收前 10～15 天停止用药。

草莓常见病虫害是白粉病、灰霉病、根腐病、革腐病、病毒病、芽枯病、野蛞蝓、蚜虫、红白蜘蛛。主要防治方法见表 2－23。

表 2-23 主要病虫防治一览表

主要防治 对象	农药名称	使用方法	安全间隔 期（天）
	40％氟硅唑乳油	3 000～4 000 倍液叶面喷雾	7
白粉病	2％农抗 120 水剂	200 倍喷雾	7
	45％百菌清烟熏剂	200 克/亩熏烟	7
灰霉病	50％腐霉利可湿性粉剂	1 500 倍喷雾	1
	40％嘧霉胺可湿性粉剂	500～600 倍液叶面喷雾	3
根腐病	77％可杀得 101 可湿性粉剂	400～500 倍液灌根	7
	55％敌克松可湿性粉剂	亩用 2 千克随水冲施	7
革腐病	25％甲霜灵＋30％DT 可湿性粉剂	500 倍喷雾	7
病毒病	20％盐酸吗啉胍·乙酸铜	500 倍喷雾	3
芽枯病	50％腐霉利可湿性粉剂	2 000 倍喷雾	7
	65％甲霉灵可湿性粉剂	1 500 倍喷雾	7
野蛞蝓	10％四聚乙醛颗粒剂	每亩 200 克	7
蚜　虫	10％吡虫啉可湿性粉剂	2 000～3 000 倍喷雾	7
	50％抗蚜威	2 500 倍喷雾	7
红、白蜘蛛	2％阿维菌素乳油	2 000～3 000 倍液喷雾防治	7
	73％克螨特乳油	2 000 倍叶面喷雾防治	7

7. 禁止使用的高毒、高残留农药　在草莓生产上不应使用杀虫脒、氰化物、磷化铅、氯丹、甲胺磷、甲拌磷、对硫磷、甲基对硫磷、内吸磷、苏化 203、杀螟磷、磷胺、异丙磷、三硫磷、氧化乐果、磷化锌、克百威、水胺硫磷、久效磷、三氯杀螨醇、涕灭威、灭多威、氟乙酰胺、有机汞制剂、砷制剂、西力生、赛力散、五氯酚钠和其他高毒、高残留农药。

三、采收

远途运输的于果实转色期至半熟期采收,耐储运品种也可于果实半熟期至坚熟期采收。

四、生产档案的建立和记录

在生产过程中建立生产技术档案,详细记录产地环境、生产技术、病虫害防治和采收等相关内容,并保存 2 年以上。

第三部分

DISAN BUFEN

蔬菜类

无公害农产品菠菜
标准化生产技术

一、产地环境条件

产地应选择在生态条件良好，远离污染源，并具有可持续生产能力的农业生产区域。产地环境质量安全应符合《无公害农产品　种植业产地环境条件》（NY/T 5010—2016）的规定。

二、生产管理措施

（一）栽培季节

1. 春季栽培　冬末春初播种，春季上市的茬口。

2. 夏季栽培　春末播种，夏季上市的茬口。

3. 秋季栽培　夏季播种，秋季上市的茬口。

4. 越冬栽培　秋季播种，冬春上市的茬口。

（二）整地施肥

一般做平畦。基肥的施入量：磷肥全部，钾肥全部或 2/3 做基肥。氮肥 1/3 做基肥，每亩施有机肥 3 000～5 000 千克，应根据生育期长短和土壤肥力状况调整施肥量、基肥以撒施为主，深翻 25～30 厘米。越冬菠菜宜选择保水保肥力强的土壤，并施足有机肥，保证菠菜安全越冬。城市垃圾等不可作为有机肥。有机肥应采用农家肥，应经过无害化处理。

（三）播种

1. 品种选择 春季和越冬栽培应选择耐寒性强、冬性强、抗病、优质、丰产的品种。夏季和秋季栽培应选用耐热抗病、优质、丰产的品种。

2. 种子质量 种子质量应符合《瓜菜作物种子 第5部分：绿叶菜类》（GB 16715.5—2010）良种指标，即种子纯度≥92%，净度≥97%，发芽率≥70%，水分≤10%。

3. 种子处理 为提高发芽率，播种前一天用凉水泡种子12小时左右搓去黏液，捞出沥干，然后直播，或在15~20℃的条件下进行催芽，3~4天大部分露出胚根后即可播种。

4. 播种方法及播种量 菠菜栽培大多采用直播法。播种方法以撒播为主，也有条播和穴播。在冬季不太寒冷、越冬死苗率不高的地区，多用撒播；冬季严寒、越冬死苗率高的地区，多采用条播，条播行距10~15厘米，开沟深度5~6厘米。一般每亩春季栽培播种3~4千克，高温期及越冬期播种4~5千克。多次采收和冬季严寒地区越冬栽培需适当增加播种量，可加大到10~15千克。播前先浇水，播后保持土壤湿润。

5. 播种期 越冬菠菜当秋季日平均气温下降到17~19℃时为播种适期。

（四）田间管理

1. 不需越冬菠菜（春季栽培、夏季栽培、秋季栽培）**的田间管理**

①春季和夏季栽培。前期温度较低适当控水，后期气温升

高加大浇水量，保持土壤湿润。3～4 片真叶时，间苗采收一次。结合浇水每亩用尿素 7～10 千克进行追肥。

②秋季栽培。秋季气温较高，播种后覆盖稻草或麦秸降温保湿。拱土后及时揭开覆盖物，加强浇水管理。浇水应轻浇、勤浇，保持土壤湿润和降低土壤温度；2 片真叶时，适当间苗；4～5 片真叶时，追肥 2～4 次，每亩用尿素 10～15 千克。

2. 越冬菠菜的田间管理

①越冬前管理。越冬菠菜出苗后在不影响正常生长的前提下，适当控制浇水使根系向纵深发展。2～3 片真叶后，生长速度加快，每亩要随浇水施用速效性氮肥 5～7 千克（纯氮）。然后浅中耕、除草。

②越冬期间管理。土壤封冻前应建好风障。一般在土壤昼消夜冻时浇足冻水，黏土地应及时中耕；严寒地区，可在浇水后早晨解冻时再覆一层干土或土粪，以防龟裂并保墒。

③返青期管理。在耕作层已解冻，表土已干燥，菠菜心叶开始生长时，选择晴天开始浇返青水，返青水后要有稳定的晴天。返青水宜小不宜大（盐碱地除外）。越冬菠菜从返青到收获期间应保证充足的水肥供应，并结合浇水，根据收获情况进行追肥。追肥量为每亩用尿素 4～5 千克。

（五）病虫害防治

1. 物理防治　设置黄板诱杀蚜虫和潜叶蝇。在设施栽培的条件下，用 30 厘米×20 厘米的黄板，按照每亩挂 30～40 块的密度，悬挂高于植株顶部 10～15 厘米的地方。田间铺挂银灰膜驱避蚜虫。

2. 药剂防治　严格执行国家有关规定，不使用剧毒、高毒、高残留农药。在无公害农产品菠菜生产中禁止使用的农药品种有：甲胺磷、甲基对硫磷、对硫磷、久效磷、磷胺、甲拌磷、甲基异柳磷、特丁硫磷、甲基硫环磷、治螟磷、内吸磷、克百威、涕灭威、灭线磷、硫环磷、蝇毒磷、地虫硫磷、氯唑磷、苯线磷、六六六、滴滴涕、毒杀芬、二溴氯丙烷、杀虫脒、二溴乙烷、除草醚、艾氏剂、狄氏剂、汞制剂、砷、铅类、敌枯双、氟乙酰胺、甘氟、毒鼠强、氟乙酸钠、毒鼠硅。

3. 主要病虫害的防治

（1）霜霉病。可用 40％三乙磷酸铝可湿性粉剂 200～250 倍液，或 72％霜脲·锰锌可湿性粉剂 600～800 倍液，或 58％甲霜灵锰锌可湿性粉剂 500 倍液，或 69％安克锰锌可湿性粉剂 1 000 倍液，75％百菌清可湿性粉剂 600～800 倍液，每隔 7～10 天防治 1 次，连续防治 2～3 次。保护地菠菜栽培，防治霜霉病可以每亩每次用 30％百菌清烟剂 200～300 克熏烟。

（2）炭疽病。可用 50％溴菌腈可湿性粉剂 500 倍液，或 50％多菌灵可湿性粉剂 700 倍液，或 40％多硫悬浮剂 600 倍液，或 80％炭疽福美可湿性粉剂 800 倍液，或 50％甲基硫菌灵可湿性粉剂 500 倍液喷雾，每隔 7～10 天防治 1 次，连续防治 3～4 次。保护地栽培可以每亩棚室每次用 6.5％甲霉灵超细粉尘 1 千克喷粉。

（3）斑点病。可用 36％甲基硫菌灵悬浮剂，或 50％混杀硫（甲基硫菌灵加硫黄）悬浮剂 500 倍液，或 40％多硫悬浮剂 600 倍液喷雾。

（4）灰霉病。发病初期开始喷药，可用 65％甲霉灵可湿性粉剂 1 500 倍液，或 50％腐霉利可湿性粉剂 1 500～2 000 倍液，或 50％异菌脲可湿性粉剂 1 000 倍液加 90％三乙磷酸铝可湿性粉剂 800 倍液，或 45％噻菌灵悬浮剂 4 000 倍液，或 75％的百菌清可湿性粉剂 600～800 倍液喷雾。每隔 7～10 天防治 1 次，连续防治 2～3 次。

（5）病毒病。可用 1.5％植病灵乳剂 1 000 倍液，或抗毒剂 1 号 300 倍液喷雾。每隔 10 天防治 1 次，连续防治 2～3 次。

（6）甜菜夜蛾。在 1～2 龄幼虫发生高峰时及时用药，可用 5％抑太保乳油，或 BT 进行防治，效果良好。

（7）潜叶蝇。产卵盛期至卵孵化初期，可用 2.5％溴氰菊酯 3 000 倍液，或 40％乐果乳油 1 000 倍液，或 0.5％阿维菌素 2 000 倍液喷雾，每隔 7 天防治 1 次，连续用药 2～3 次。

（8）蚜虫。可用 10％吡虫啉可湿性粉剂 2 000 倍液，或 50％抗蚜威可湿性粉剂 2 500 倍液喷雾。

（9）蜗牛。每亩用 8％灭蝇灵颗粒剂 1 000 克，或 5％嘧哒颗粒剂 500 克，于傍晚撒施行间，防治效果较好。

（六）采收

采收期随各地区和栽培地块的小区气候条件而不同，一般苗高 15～20 厘米时，开始采收，见有少数花时，要全面采收。

三、生产档案的建立和记录

在生产过程中建立生产技术档案，详细记录产地环境、生产技术、病虫害防治和采收等相关内容，并保存 2 年以上。

无公害农产品生姜
标准化生产技术

一、产地环境条件

产地应选择在生态条件良好，远离污染源，并具有可持续生产能力的农业生产区域。产地环境质量安全应符合《无公害农产品　种植业产地环境条件》（NY/T 5010—2016）的规定。

姜田应选择地势高燥、排水良好、土层深厚、有机质丰富的中性或微酸性的肥沃壤土。前茬作物为番茄、茄子、辣椒、马铃薯等茄科植物的地块以及偏碱性土壤和黏重的涝洼地不宜作为姜田。姜田轮作周期应2年以上。

二、生产技术

（一）施肥技术

施肥应符合《肥料合理使用准则　通则》（NY/T 496—2010）的规定。有条件的地区建议采取测土平衡施肥。无条件的，每亩施优质有机肥4 000～5 000千克，氮肥（N）20～30千克，磷肥（P_2O_5）10～15千克，钾肥（K_2O）25～35千克，硫酸锌1～2千克，硼砂1千克。中、低肥力土壤施肥量取高限，高肥力土壤施肥量取低限。

1. 基肥　将有机肥总用量的 60%、氮肥（N）的 30%、磷肥（P_2O_5）的 90%、钾肥（K_2O）的 60%以及全部微肥做基肥。

2. 种肥　将剩余的有机肥和总量 10%的氮肥（N）、磷肥（P_2O_5）、钾肥（K_2O）做种肥，开沟施用。

3. 追肥　于幼苗期追氮肥（N）总量的 30%；三杈期追氮肥（N）总量的 20%、钾肥（K_2O）总量的 20%；根茎膨大期追氮肥（N）总量的 10%、钾肥（K_2O）总量的 10%。在姜苗一侧 15 厘米处开沟或穴施，施肥深度达 10 厘米以上。

（二）姜田整理

耕地前，将基肥均匀撒于地表，然后翻耕 25 厘米以上。按照当地种植习惯做畦，一般采用沟栽方式。

1. 姜种的选择和处理

（1）姜种选择。各地应根据栽培目的和市场要求选择优质、丰产、抗逆性强、耐储运的优良品种。选姜块肥大饱满、皮色光亮、不干裂、不腐烂、未受冻、质地硬、无病虫为害和无机械损伤的姜块留种。

（2）姜种处理。

①晒姜。播种前 20～30 天，将姜种平摊在背风向阳的平地上或草席上，晾晒 1～2 天。傍晚收进室内或进行遮盖，以防夜间受冻；中午若日光强烈，应适当遮阳防暴晒。

②困姜。姜种晾晒 1～2 天后，将姜种堆于室内并盖上草帘，保持 11～16℃，堆放 2～3 天。剔除瘦弱干瘪、质软变褐的劣质姜种。

③催芽。一般在 4 月 10 日左右进行。在相对湿度 80%～85%、温度 22～28℃条件下变温催芽。即前期 23℃左右，中

期 26℃左右，后期 24℃左右。当幼芽长度达 1 厘米左右用于播种。

④掰姜种（切姜种）。将姜掰（或用刀切）成 35～75 克重的姜块，每块姜种上保留一个壮芽（少数姜块也可保留两个壮芽），其余幼芽全部掰除。

⑤浸种。采用 1‰波尔多液浸种 20 分钟，或用草木灰浸出液浸种 20 分钟，或用 1‰石灰水浸种 30 分钟后，取出晾干备播。

2. 播种

（1）播种期。在 5 厘米地温稳定在 16℃以上时播种。山东一般在 4 月。

（2）播种密度。高肥水田每亩种植 5 000～5 500 株（行距 60 厘米，株距 20～22 厘米）；中肥水田每亩种植 5 500～6 000 株（行距 60 厘米，株距 18～20 厘米）；低肥水田每亩种植 6 000～7 500 株（行距 55 厘米，株距 16～18 厘米）。同等肥力条件下，大块姜种稀植，小块姜种密植。

（3）播种方法。按行距开种植沟，在种植沟一侧 10 厘米处开施肥沟，施种肥后，肥土混匀后搂平。将种植沟浇足底水，水渗下后，将姜种水平排放在沟内，东西向的行，姜芽一律向南；南北向的行，则姜芽一律向西。覆土 4～5 厘米。

3. 田间管理

（1）遮阳。当生姜出苗率达 50％时，及时进行姜田遮阳。可采用水泥柱、竹竿等材料搭成 2 米高的拱棚架，扣上遮光率为 30％的遮阳网。也可用网障遮阳，将宽幅 60～65 厘米、折光率为 40％的遮阳网，东西延长立式设置成网障固定于竹、木桩上。若用柴草做遮阳物，要提前进行药剂消毒处理。8 月上旬及时拆除遮阳物。

（2）中耕与除草。生姜出苗后，结合浇水、除草，中耕1～2次。或用72％异丙甲草胺乳油或33％二甲戊灵乳油进行化学除草。

（3）培土。植株进入旺盛生长期，结合追肥、浇水进行培土。以后每隔15～20天培土1次，共培土3～4次。

（4）水、肥管理。出苗期：出苗80％时浇一次水。降雨过多的地区，做好排水，防止田间积水。浇水和雨后及时划锄。幼苗期：土壤湿度应保持在田间最大持水量的75％左右为宜，及时排灌溉，浇水和雨后及时划锄。于姜苗高30厘米左右，并具有1～2个小分枝时，进行第一次追肥。旺盛生长期：土壤湿度应保持在田间最大持水量的80％为宜，视墒情每4～6天浇一次水。做好排水防涝。"三权期"前后进行第二次追肥。根茎膨大期进行第三次追肥。

（5）扣棚保护。北方地区可进行扣棚保护延迟栽培。具体做法：初霜前在姜田搭起拱棚，扣上棚膜，使生姜生长期延长30天左右。

三、病虫害防治

（一）防治原则

按照"预防为主，综合防治"的原则，优先采用农业防治、生物防治、物理防治，合理使用化学防治，不准使用国家明令禁止的高毒、高残留农药。

（二）农业防治

实行2年以上轮作；避免连作或前茬为茄科植物；选择地势高燥、排水良好的壤质土；精选无病害姜种；平衡施肥；采收后及时清除病株残体，并集中烧毁，保证田间清洁。

（三）生物防治

1. 保护利用自然天敌　应用化学防治时，尽量使用对害虫选择性强的药剂，避免或减轻对天敌的杀伤作用。

2. 释放天敌　在姜螟或姜弄蝶产卵始盛期和盛期释放赤眼蜂，或卵乳盛期前后喷洒 BT 制剂（孢子含量大于 100 亿/毫升）2～3 次，每次间隔 5～7 天。

3. 选用生物源药剂　可用 1.8％阿维菌素乳油 2 000～3 000倍喷雾，或灌根防治姜蛆。利用硫酸链霉素、新植霉素或卡那霉素 500 毫克/升浸种防治姜瘟病。

（四）物理防治

采取杀虫灯、黑光灯、1∶1∶3∶0.1 的糖∶醋∶水∶90％敌百虫晶体溶液等方法诱杀害虫；使用防虫网；人工扑杀害虫。

（五）化学防治

1. 农药使用的原则和要求　使用农药时，应执行《农药合理使用准则》（GB/T 8321）。生产过程中严禁使用的农药品种：六六六、滴滴涕、毒杀芬、二溴氯丙烷、杀虫脒、二溴乙烷、除草醚、艾氏剂、狄氏剂、汞制剂、砷、铅类、敌枯双、氟乙酰胺、甘氟、毒鼠强、氟乙酸钠、毒鼠硅、甲胺磷、甲基对硫磷、对硫磷、久效磷、磷胺、甲拌磷、甲基异柳磷、特丁硫磷、甲基硫环磷、治螟磷、内吸磷、克百威、涕灭威、灭线磷、硫环磷、蝇毒磷、地虫硫磷、氯唑磷、苯线磷、氧化乐果。

2. 病害的防治

（1）姜腐烂病的防治。掰姜前用 1∶1∶100 的波尔多液浸种 20 分钟，或 500 毫克/升的硫酸链霉素或新植霉素或卡那霉素浸种 48 小时，或 30%氧氯化铜悬浮剂 800 倍液浸种 6 小时。发现病株及时拔除，并在病株周围用 5%硫酸铜或 5%漂白粉或 72%农用链霉素可溶性粉剂或硫酸链霉素 3 000～4 000 倍液灌根，每穴灌 0.5～1 升。发病初期，叶面喷施 20%叶枯唑可湿性粉剂 1 300 倍液，或 30%氧氯化铜悬浮剂 800 倍液，或 1∶1∶100 波尔多液，或 50%琥胶肥酸铜可湿性粉剂 500 倍液，每亩喷 75～100 升，10～15 天喷 1 次，连喷 2～3 次；或用 3%克菌康可湿性粉剂 600～800 倍液喷雾或灌根，7 天喷 1 次，连用 2～3 次。

（2）姜斑点病的防治。发病初期喷施 70%甲基硫菌灵可湿性粉剂 1 000 倍液，或 64%噁霜·锰锌可湿性粉剂 500～800 倍液，7～10 天喷 1 次，连续喷 2～3 次。

（3）姜炭疽病。炭疽病多发期到来前，用 75%百菌清可湿性粉剂 1 000 倍液叶面喷施；发病初期用 64%噁霜·锰锌可湿性粉剂 500 倍液；或 50%苯菌灵可湿性粉剂 1 000 倍液；或 30%氧氯化铜悬浮剂 300 倍液；或 70%甲基硫菌灵可湿性粉剂 1 000 倍液。5～7 天喷 1 次，连续喷 2～3 次。

3. 虫害防治

（1）姜螟。叶面喷施 2.5%氯氰菊酯乳油 2 000～3 000 倍液；或 2.5%溴氰菊酯乳油 2 000～3 000 倍液；或 50%辛硫磷乳油 1 000 倍液；或 50%杀螟丹可湿性粉剂 800～1 000 倍；或 80%敌敌畏乳油 800～1 000 倍液液。7～10 天喷 1 次，共喷 2 次。

（2）小地老虎。在 1～3 龄幼虫期，用 2.5%氯氰菊酯乳油 3 000 倍液，或 90%晶体敌百虫 800 倍液，或 50%辛硫磷乳油 800～1 000 倍液叶面喷杀；或 50%辛硫磷乳油 500～600 倍液灌根，兼治姜蛆、蝼蛄等地下害虫。

（3）异形眼蕈蚊。生姜入窖前彻底清扫姜窖，然后用80％敌敌畏乳油1 000倍喷窖；或鲜姜放入窖内后，将盛有敌敌畏原液的小瓶数个，开口放入窖内。或将80％敌敌畏乳油撒在锯末上点燃（或用敌敌畏制成的烟雾剂）熏蒸姜窖。用80％敌敌畏乳油1 000倍液，或1.8％阿维菌素乳油5 000倍液，浸泡姜种5～10分钟。

（4）姜弄蝶。幼虫期用25％喹硫磷乳油1 000倍液；或25％除虫脲可湿性粉剂2 000倍液；或20％甲氰菊酯乳油3 000倍液叶面喷施。

四、采收

（一）采收时间

在霜降前后采收，采用秋延迟栽培的可延后一个月采收。用于加工的嫩姜，在旺盛生长期收获。

（二）采收方法

收获前，先浇小水使土壤充分湿润，将姜株拔出或刨出，轻轻抖掉泥土，然后从地上茎基部以上2厘米处削去茎秆，摘除根须后，即可入窖（无须晾晒）或出售。

五、生产档案的建立和记录

在生产过程中建立生产技术档案，详细记录产地环境、生产技术、病虫害防治和采收等相关内容，并保存2年以上。

无公害农产品大白菜
标准化生产技术

一、产地环境条件

产地应选择在生态条件良好，远离污染源，并具有可持续生产能力的农业生产区域。产地环境质量安全应符合《无公害农产品　种植业产地环境条件》（NY/T 5010—2016）的规定。

土壤条件：地势平坦、排灌方便、土壤耕层深厚、土壤结构适宜、理化性状良好，以粉沙壤土、壤土及轻黏土为宜，土壤肥力较高。

二、生产管理措施

1. 品种选择　选用抗病、优质丰产、抗逆性强、适应性广、商品性好的品种。种子质量应符合《瓜菜作物种子　第 2 部分：白菜类》（GB 16715.2—2010）中的规定，种子纯度不低于 95％、净度不低于 98％、发芽率不低于 85％、水分不高于 7.0％。

2. 整地　采用高畦栽培，地膜覆盖，便于排灌，减少病虫害。

3. 播种　根据气象条件和品种特性选择适宜的播期，秋白菜一般在夏末初秋播种。可采用穴播或条播，播后盖细土

0.5～1厘米，搂平压实。

4. 田间管理

（1）间苗定苗。出苗后及时间苗，7～8叶时定苗。如缺苗应及时补栽。

（2）中耕除草。间苗后及时中耕除草，封垄前进行最后一次中耕。中耕时前浅后深，避免伤根。

（3）合理浇水。播种后及时浇水，保证齐苗壮苗；定苗、定植或补栽后浇水，促进返苗；莲座初期浇水促进发棵；包心初中期结合追肥浇水，后期适当控水促进包心。

5. 施肥

（1）施肥原则。根据大白菜需肥规律、土壤养分状况和肥料效应，通过土壤测试，确定相应的施肥量和施肥方法，按照有机与无机相结合、基肥与追肥相结合的原则，实行平衡施肥。

（2）基肥。每亩优质有机肥施用量不低于3 000千克。有机肥料充分腐熟。氮肥总用量的30%～50%、大部分磷、钾肥料可基施，结合耕翻整地与耕层充分混匀。宜合理种植绿肥、秸秆还田、氮肥深施和磷肥分层施用。适当补充钙、铁等中、微量元素。

（3）追肥。追肥以速效氮肥为主，应根据土壤肥力和生长状况在幼苗期、莲座期、结球初期和结球中期分期施用。为保证大白菜优质，在结球初期重点追施氮肥，并注意追施速效磷钾肥。收获前20天内不应使用速效氮肥。合理采用根外施肥技术，通过叶面喷施快速补充营养。

（4）不应使用工业废弃物、城市垃圾和污泥。不应使用未经发酵腐熟、未达到无害化指标的人畜粪尿等有机肥料。

（5）选用的肥料应达到国家有关产品质量标准，满足无公害大白菜对肥料的要求。

6. 病虫害防治

（1）病虫害防治原则以防为主、综合防治，优先采用农业防治、物理防治、生物防治，配合科学合理地使用化学防治，达到生产安全、优质的无公害大白菜的目的。不应使用国家明令禁止的高毒、高残留、高生物富集性、高三致（致畸、致癌、致突变）农药及其混配农药。农药施用严格执行《农药合理使用准则》（GB/T 8321）的规定。

（2）农业防治。

①因地制宜选用抗（耐）病优良品种。

②合理布局，实行轮作倒茬，加强中耕除草，清洁田园，降低病虫源数量。

③培育无病虫害壮苗。播前种子应进行消毒处理：防治霜霉病、黑斑病可用50％福美双可湿性粉剂，或75％百菌清可湿性粉剂按种子量的0.4％拌种；也可用25％瑞毒霉可湿性粉剂按种子量的0.3％拌种；防治软腐病可用菜丰宁或专用种衣剂拌种。

（3）物理防治。可采用银灰膜避蚜或黄板（柱）诱杀蚜虫。

（4）生物防治。保护天敌，创造有利于天敌生存的环境条件，选择对天敌杀伤力低的农药；释放天敌，如捕食螨、寄生蜂等。

（5）药剂防治。

①对菜青虫、小菜蛾、甜菜夜蛾等采用病毒，如银纹夜蛾病毒、甜菜夜蛾病毒、小菜蛾病毒及白僵菌、苏云金杆菌制剂等进行生物防治；或5％定虫隆乳油2 500倍液喷雾、或5％氟虫脲1 500倍液、或50％辛硫磷1 000倍液喷雾，或齐墩螨素乳油、5％氟虫腈、苦参碱、印楝素、鱼藤酮、高效氯氰菊酯、氯氟氰菊酯、联苯菊酯等喷雾进行防治，根据使用说明正

确使用剂量。

②对软腐病用72%农用硫酸链霉素可溶性粉剂4 000倍液，或新植霉素4 000～5 000倍液喷雾。

③防治霜霉病可选用25%甲霜灵可湿性粉剂750倍液，或69%安克锰锌可湿性粉剂500～600倍液，或69%霜脲锰锌可湿性粉剂600～750倍液，或75%百菌清可湿性粉剂500倍液等喷雾。交替、轮换使用，7～10天1次，连续防治2～3次。

④防治炭疽病、黑斑病可选用69%安克锰锌可湿性粉剂500～600倍液，或80%炭疽福美可湿性粉剂800倍液等喷雾。

⑤防治病毒病可在定植前后喷一次20%病毒A可湿性粉剂600倍液，或1.5%植病灵乳油1 000～1 500倍液喷雾。

⑥防治菜蚜可用10%吡虫啉1 500倍液，或3%啶虫脒3 000倍液，或5%啶高氯3 000倍液，或50%抗蚜威可湿性粉剂2 000～3 000倍液喷雾。

⑦防治甜菜夜蛾可用52.25%农地乐乳油1 000～1 500倍液，或4.5%高效氯氰菊酯乳油11.25～22.5克/公顷，或20%溴虫腈，或20%虫酰肼悬浮剂200～300克/公顷喷雾，晴天傍晚用药，阴天可全天用药。

7. 采收 叶球成熟后随时采收。收获时的外界温度应不低于5℃。

三、生产档案的建立和记录

在生产过程中建立生产技术档案，详细记录产地环境、生产技术、病虫害防治和采收等相关内容，并保存2年以上。

无公害农产品马铃薯标准化生产技术

一、产地环境条件

产地应选择在生态条件良好，远离污染源，并具有可持续生产能力的农业生产区域。产地环境质量安全应符合《无公害农产品　种植业产地环境条件》（NY/T 5010—2016）的规定。

选择排灌方便、土层深厚、土壤结构疏松、中性或微酸性的沙壤土或壤土，并要求 3 年以上未重茬栽培马铃薯的地块。

二、生产技术

（一）播种前准备

1. 品种与种薯　选用抗病、优质、丰产、抗逆性强、适应当地栽培条件、商品性好的各类专用品种。种薯质量应符合《马铃薯种薯》（GB 18133—2012）和《种薯》（GB 4406—84）的要求。

2. 种薯催芽　播种前 15～30 天将冷藏或经物理、化学方法人工解除休眠的种薯置于 15～20℃、黑暗处平铺 2～3 层。当芽长至 0.5～1 厘米时，将种薯逐渐暴露在散射光下壮芽，每隔 5 天翻动一次。在催芽过程中淘汰病、烂薯和纤细芽薯。

催芽时要避免阳光直射、雨淋和霜冻等。

3. 切块 提倡小整薯播种。播种时温度较高、湿度较大、雨水较多的地区，不宜切块。必要时，在播前 4～7 天，选择健康的、生理年龄适当的较大种薯切块。切块大小以 30～50 克为宜。每个切块带 1～2 个芽眼。切刀每使用 10 分钟后或在切到病、烂薯时，用 5％的高锰酸钾溶液或 75％酒精浸泡 1～2 分钟或擦洗消毒。切块后立即用含有多菌灵（约为种薯重量的 0.3％）或甲霜灵（约为种薯重量的 0.1％）的不含盐碱的植物草木灰或石膏粉拌种，并进行摊晾，使伤口愈合，勿堆积过厚，以防烂种。

4. 整地 深耕，耕作深度 20～30 厘米。整地，使土壤颗粒大小合适。并根据当地的栽培条件、生态环境和气候情况进行做畦、做垄或平整土地。

5. 施基肥 按照《肥料合理使用准则 通则》（NY/T 496—2010）要求，根据土壤肥力，确定相应施肥量和施肥方法。

氮肥总用量的 70％以上和大部分磷、钾肥料可基施。农家肥和化肥混合施用，提倡多施农家肥。农家肥结合耕翻整地施用，与耕层充分混匀，化肥做种肥，播种时开沟施。适当补充中、微量元素。每生产 1 000 千克薯块的马铃薯需肥量：氮肥（N）5～6 千克，磷肥（P_2O_5）1～3 千克，钾肥（K_2O）12～13 千克。

（二）播种

1. 时间 根据气象条件、品种特性和市场需求选择适宜的播期。一般土壤深约 10 厘米处地温为 7～22℃时适宜播种。

2. 深度 地温低而含水量高的土壤宜浅播，播种深度约 5

厘米；地温高而干燥的土壤宜深播，播种深度约 10 厘米。

3. 密度 不同的专用型品种要求不同的播种密度。一般早熟品种每亩种植 4 000~4 700 株，中晚熟品种每亩种植 3 300~4 000 株。

4. 方法 人工或机械播种。降水量少的干旱地区宜平作，降水量较多或有灌溉条件的地区宜垄作。播种季节地温较低或气候干燥时，宜采用地膜覆盖。

（三）田间管理

1. 中耕除草 齐苗后及时中耕除草，封垄前进行最后一次中耕除草。

2. 追肥 视苗情追肥，追肥宜早不宜晚，宁少毋多。追肥方法可沟施、点施或叶面喷施，施后及时灌水或喷水。

3. 培土 一般结合中耕除草培土 2~3 次。出齐苗后进行第一次浅培土，显蕾期高培土，封垄前最后一次培土，培成宽而高的大垄。

4. 灌溉和排水 在整个生长期土壤含水量保持在 60%~80%。出苗前不宜灌溉，块茎形成期及时适量浇水，块茎膨大期不能缺水。浇水时忌大水漫灌。在雨水较多的地区或季节，及时排水，田间不能有积水。收获前视气象情况 7~10 天停止灌水。

三、病虫害防治

（一）防治原则

按照"预防为主，综合防治"的植保方针，坚持以"农业防治、物理防治、生物防治为主，化学防治为辅"的无害化治理原则。

（二）主要病虫害

主要病害为晚疫病、青枯病、病毒病、癌肿病、黑胫病、环腐病、早疫病、疮痂病等。

主要虫害为蚜虫、蓟马、粉虱、金针虫、块茎蛾、地老虎、蛴螬、二十八星瓢虫、潜叶蝇等。

（三）农业防治

1. 针对主要病虫控制对象，因地制宜选用抗（耐）病优良品种，使用健康的不带病毒、病菌、虫卵的种薯。

2. 合理品种布局，选择健康的土壤，实行轮作倒茬，与非茄科作物轮作 3 年。

3. 通过对设施、肥、水等栽培条件的严格管理和控制，促进马铃薯植株健康成长，抑制病虫害的发生。

4. 测土平衡施肥，增施磷、钾肥，增施充分腐熟的有机肥，适量施用化肥。

5. 合理密植，起垄种植，加强中耕除草、高培土、清洁田园等田间管理，降低病虫源数量。

6. 建立病虫害预警系统，以防为主，尽量少用农药和及时用药。及时发现中心病株并清除、远离深埋。

（四）生物防治

释放天敌，如捕食螨、寄生蜂、七星瓢虫等。保护天敌，创造有利于天敌生存的环境，选择对天敌杀伤力低的农药。利用每亩 23～50 克的 16 000 国际单位/毫克苏云金杆菌可湿性粉剂 1 000 倍液防治鳞翅目幼虫。利用 0.3％印楝乳油 800 倍液防治潜叶蝇、蓟马。利用 0.38％苦参碱乳油 300～500 倍液防治蚜虫以及金针虫、地老虎、蛴螬等地下害虫，可用 14～28 克的 72％农用硫酸链霉素可溶性粉剂 4 000 倍液，或 3％中生菌素可湿性粉剂 800～1 000 倍液防治青枯病、黑胫病或软腐病等多种细菌病害。

（五）物理防治

露地栽培可采用杀虫灯以及性诱剂诱杀害虫。保护地栽培可采用防虫网或银灰膜避虫、黄板（柱）以及性诱剂诱杀害虫。

（六）药剂防治

1. 农药施用严格执行 《农药合理使用准则》GB/T 8321 的规定。应对症下药，适期用药，更换使用不同的适用药剂，运用适当浓度与药量，合理混配药剂，并确保农药施用的安全间隔期。

2. 禁止施用高毒、剧毒、高残留农药 甲胺磷、甲基对硫磷、对硫磷、久效磷、磷胺、甲拌磷、甲基异柳磷、特丁硫磷、甲基硫环磷、治螟磷、内吸磷、克百威、涕灭威、灭线磷、硫环磷、蝇毒磷、地虫硫磷、氯唑磷、苯线磷等农药。

3. 主要病虫害防治

（1）晚疫病。在有利发病的低温高湿天气，每亩用 0.17～0.21千克的 70％代森锰锌可湿性粉剂 600 倍液，或 0.15～0.2 千克的 25％甲霜灵可湿性粉剂 500～800 倍稀释液，或 0.12～0.15 千克的 58％甲霜灵锰锌可湿性粉剂 800 倍稀释液，喷施预防，每 7 天左右喷 1 次，连续 3～7 次。交替使用。

（2）青枯病。发病初期每亩用 14～28 克的 72％农用链霉素可溶性粉剂 4 000 倍液，或 3％中生菌素可湿性粉剂 800～1 000倍液，或 0.15～0.2 千克的 77％氢氧化铜可湿性微粒粉剂 40～500 倍液灌根，隔 10 天灌 1 次，连续灌 2～3 次。

（3）环腐病。每亩用 50 毫克/千克硫酸铜浸泡薯种 10 分钟。发病初期，用 14～28 克的 72％农用链霉素可溶性粉剂 4 000倍液，或 3％中生菌素可湿性粉剂 800～1 000 倍液喷雾。

（4）早疫病。在发病初期，用 0.15～0.25 千克的 75％百菌清可湿性粉剂 500 倍液，或 0.15～0.2 千克的 77％氢氧化铜可湿性微粒粉剂 400～500 倍液喷雾，每隔 7～10 天喷 1 次，连续喷 2～3 次。

（5）蚜虫。发现蚜虫时防治，每亩用 25～40 克的 5％抗蚜威可湿性粉剂 1 000～2 000 倍液，或 10～20 克的 10％吡虫啉可湿性粉剂 2 000～4 000 倍液，或 10～25 毫升的 20％的氰戊菊酯乳油 3 300～5 000 倍液，或 20～40 毫升的 10％氯氰菊酯乳油 2 000～4 000 倍液等药剂交替喷雾。

（6）蓟马。当发现蓟马危害时，应及时喷施药剂防治，可施用 0.3％印楝素乳油 800 倍液，或每亩 10～25 毫升的 20％的氰戊菊酯乳油 3 300～5 000 倍液，或 30～50 毫升的 10％氯氰菊酯乳油 1 500～4 000 倍液喷施。

（7）粉虱。于种群发生初期，虫口密度尚低时，每亩用 25～35 毫升的 10％氯氰菊酯乳油 2 000～4 000 倍液，或 10～20 克的 10％吡虫啉可湿性粉剂 2 000～4 000 倍液喷施。

（8）金针虫、地老虎、蛴螬等地下害虫。可施用 0.38％苦参碱乳油 500 倍液，或每亩 50 毫升的 50％辛硫磷乳油 1 000 倍液，或 65～130 克的 80％的敌百虫可湿性粉剂，用少量水溶化后和炒熟的棉籽饼或菜籽饼 70～100 千克拌匀，于傍晚撒在幼苗根的附近地面上诱杀。

（9）马铃薯块茎蛾。对有虫的种薯，室温下用溴甲烷 35 克/立方米或二硫化碳 7.5 克/立方米熏蒸 3 小时。在成虫盛发期每亩可喷洒 20～40 毫升的 2.5％高效氯氟氰菊酯乳油 2 000 倍液喷雾防治。

（10）二十八星瓢虫。发现成虫即开始喷药，每亩用 15～30 毫升的 20％的氰戊菊酯乳油 3 000～4 500 倍液，或 0.15 千克的 80％的敌百虫可湿性粉剂 500～800 倍稀释液喷杀，每 10 天喷药 1 次，在植株生长期连续喷药 3 次，注意叶背和叶面均匀喷药，以便把孵化的幼虫全部杀死。

（11）螨虫。每亩用 50～70 毫升的 73％炔螨特乳油 2 000～3 000 倍稀释液，或 0.9％阿维菌素乳油 4 000～6 000 倍稀释液，或施用其他杀螨剂，5～10 天喷药 1 次，连喷 3～5 次。喷药重点在植株幼嫩的叶背和茎的顶尖。

四、采收

根据生长情况与市场需求及时采收。采收前若植株未自然枯死，可提前 7～10 天杀秧。收获后，块茎避免暴晒、雨淋、霜冻和长时间暴露在阳光下而变绿。

五、生产档案的建立和记录

建立田间生产技术档案。对生产技术、病虫害防治和采收各环节所采取的主要措施进行详细记录，并保存 2 年以上。

无公害农产品洋葱
标准化生产技术

一、产地环境条件

产地应选择在生态条件良好，远离污染源，并具有可持续生产能力的农业生产区域。产地环境质量安全应符合《无公害农产品　蔬菜产地环境条件》（NY/T 5010—2016）的规定。

选择地势平坦、排灌方便、肥沃疏松、通气性好、2～3年未种过葱蒜类蔬菜的壤土地块。

二、生产技术

（一）品种选择

1. 品种选择　不同地区应根据当地气候条件和目标市场的需要，选用与其生态类型相适应的优质、丰产、抗逆性强、商品性好的品种。

2. 种子质量　应选用当年新种子。种子质量要求纯度≥95％、净度≥98％、发芽率≥94％、水分≤10％。

（二）播种育苗

1. 播种期　应根据当地的气候条件和栽培经验确定安全

播种期。山东地区可在 9 月中下旬播种。中早熟品种比晚熟品种早播 7～10 天；常规品种比杂交品种早播 4～5 天。

2. 苗床的制作

（1）地块和设施选择。选择地势高燥、排灌方便的地块。在北方寒冷地区根据当地的气候条件选择日光温室、塑料大棚、阳畦和温床等育苗设施。

（2）整地和施肥。育苗地选好后，每亩苗床施用腐熟的优质有机肥 3 000～5 000 千克，将 50％辛硫磷乳油 400 毫升加麦麸 6.5 千克，拌匀后掺在农家肥上防治地下害虫。然后翻地使土肥混匀、耙细、整平、做畦。在畦内每亩施入磷酸二铵 30～50 千克、硫酸钾 25 千克。

（3）制作。采取平畦育苗。畦面宽 1.2 米，畦埂宽 0.4 米，做好畦后踏实，灌足底水，待水渗下后播种。定植每亩大田洋葱需育苗 50～80 平方米。

3. 播种

（1）播种量。1 平方米苗床的播种量宜控制在 2.3～2.5 克。

（2）种子处理。用 50℃温水浸种 10 分钟；或用 40％福尔马林 300 倍液浸种 3 小时后，用清水冲洗干净；或用 0.3％的 35％甲霜灵拌种剂拌种。

（3）播种方法。将种子掺入细土，均匀撒在畦面上，然后均匀覆盖厚度 1 厘米左右细干土，在畦面上覆盖草苫、麦秸等。

4. 育苗期的管理

（1）撤除覆盖物。一般播种后 7 天开始出苗，待 60％以上的种子出苗后，于下午及时撤除覆盖物。

（2）浇水。齐苗后用小水灌畦，以后保持畦面见干见湿。

在定植前 15 天左右适当控水，促进根系生长。

（3）施肥。苗期一般不需追肥。若幼苗长势较弱，每亩苗床随水冲施尿素 1 千克。

（4）除草、防病、治虫。可采取人工拔除的方法除草。化学除草的方法是：33％二甲戊乐灵乳油每亩用 100～150 克，或用 48％双丁乐灵乳油 200 克，兑水 50 千克，播后 3 天在苗床表面均匀喷雾，注意用药不宜过晚。在苗床上喷 1 次 72.2％霜霉威水剂 800 倍液，防治洋葱苗期猝倒病。如发现蝼蛄，可喷布 50％辛硫磷乳油 1 000 倍液，或于傍晚撒施毒饵诱杀，毒饵用 250 份麦麸或豆饼掺炒香后，加 1 份 90％敌百虫制成。

5. 壮苗标准 洋葱壮苗标准因品种、育苗季节等不同而有差异。一般为株高 15～18 厘米，茎粗 5～6 毫米，具有 3～4 片叶片，苗龄 50～60 天，植株健壮，无病虫害。

（三）定植

1. 整地、施肥、做畦 根据土壤肥力和目标产量确定施肥总量。磷肥全部做基肥，钾肥 2/3 做基肥，氮肥 1/3 做基肥。基肥以优质农家肥为主，2/3 撒施，1/3 沟施。施肥应符合《肥料合理使用准则 通则》（NY/T 496—2010）的规定。

施足基肥后，将地整平耙细，并使土肥混合均匀，然后按照当地种植习惯做畦，整平畦面后，浇水灌畦，待水渗下后，喷施除草剂。除草剂每亩用 72％异丙甲草胺乳油 50 毫升，或 33％二甲戊乐灵乳油 100 毫升，全田均匀喷施，然后覆盖地膜。

2. 适期定植

（1）定植时期。一般在冬前旬平均气温 4～5℃时（立冬前后）定植。

（2）定植密度。洋葱的定植密度一般为株距 12～15 厘米，行距 15～18 厘米。因土壤肥力、品种等不同而略有差异。土壤肥力高适当稀植，土壤肥力低适当密植；晚熟品种和杂交品种适当稀植，中早熟品种和常规品种适当密植。

（3）定植方法。

①起苗分级。先在苗床浇透水，起苗后按幼苗大小分级，剔除病苗、弱苗、伤苗。

②定植前将幼苗根部剪短到 2 厘米，然后用 50%多菌灵 500～800 倍液蘸根。定植时按幼苗大小级别分区栽植。先按株、行距打定植孔，再将幼苗栽入定植孔内，定植深度埋至茎基部 1 厘米左右，以埋住茎盘、不掩埋出叶孔为宜。

（四）田间管理

1. 浇水 洋葱定植后立即浇水，3～5 天再浇 1 次缓苗水。冬前定植的，土壤封冻前浇 1 次封冻水。第二年返青时浇返青水。叶部生长盛期，保持土壤见干见湿，一般 7～10 天浇 1 次水。鳞茎膨大期增加浇水次数，一般 6～8 天浇 1 次水。收获前 8～10 天停止浇水。

2. 追肥 根据土壤肥力和生长状况分期追肥。返青时随水每亩追施尿素 5～7.5 千克。植株进入叶旺盛生长期进行第二次追肥，每亩追施尿素、硫酸钾各 5～7.5 千克。鳞茎膨大期是追肥的关键时期，一般需追肥 2 次，间隔 20 天左右。每次每亩随水追施尿素、硫酸钾各 5～7.5 千克，或氮、磷、钾三元复合肥 10 千克。最后一次追肥时间，应距收获期 30 天以上。

三、病虫害防治

（一）病虫害防治原则

按照"预防为主，综合防治"的植保方针，优先采用农业防治、物理防治和生物防治方法，科学合理地利用化学防治技术，达到生产无公害食品洋葱的目的。

（二）农业防治

1. 选用抗病性、适应性强的优良品种。

2. 实行 3 年以上的轮作；勤除杂草；收获后及时清洁田园。

3. 培育壮苗，合理浇水，增施充分腐熟的有机肥，提高植株抗性。

4. 采用地膜覆盖，及时排涝，防止田间积水。

（三）物理防治

播种前采取温水浸种杀菌，保护育苗和保护栽培条件下采用蓝板诱杀葱蓟马。

（四）生物防治

在应用化学防治时，利用对害虫选择性强的药剂，减少对瓢虫、小花蝽、姬蝽、塔六点蓟马、寄生蜂和蜘蛛等天敌的杀伤作用。在葱蝇成虫和幼虫发生期，用 1.1％苦参碱粉剂等喷雾或灌根。

（五）化学防治

1. 农药使用的原则和要求　农药使用应符合《农药合理使用准则》（GB/T 8321）的规定。不使用国家明令禁止的高毒、高残留农药和国家规定在蔬菜上不得使用和限制使用的农药：六六六、滴滴涕、毒杀芬、二溴氯丙烷、杀虫脒、二溴乙烷、除草醚、艾氏剂、狄氏剂、汞制剂、砷、铅类、敌枯双、氟乙酰胺、甘氟、毒鼠强、氟乙酸钠、毒鼠硅、甲胺磷、甲基对硫磷、对硫磷、久效磷、磷胺、甲拌磷、甲基异柳磷、特丁硫磷、甲基硫环磷、治螟磷、内吸磷、克百威、涕灭威、灭线磷、硫环磷、蝇毒磷、地虫硫磷、氯唑磷、苯线磷。

2. 病害防治

（1）紫斑病。发病初期，喷施 50％异菌脲可湿性粉剂 1 500 倍液，或 50％代森锰锌可湿性粉剂 600 倍液，或 72％锰锌·霜脲可湿性粉剂 600 倍液，或 64％噁霜·锰锌可湿性粉剂 500 倍液等，以上药剂交替使用，每 7～10 天喷 1 次，连续防治 2 次。

（2）锈病。发病初期，喷施 15％三唑酮可湿性粉剂 1 500～2 000 倍液，或 70％代森锰锌可湿性粉剂 1 000 倍液加 15％三唑酮可湿性粉剂 2 000 倍液，或 40％氟硅唑乳油 8 000～10 000倍液等，以上药剂交替使用，隔 10 天喷 1 次，连续防治 2 次。

（3）霜霉病。发病初期，喷施 72％锰锌·霜脲可湿性粉剂 600 倍液，或 64％噁霜·锰锌可湿性粉剂 600～800 倍液，或 72.2％霜霉威水剂 700 倍液等，每 7～10 天喷 1 次，以上药剂交替使用，连续防治 2～3 次。

（4）灰霉病。发病初期，喷施 50％腐霉利可湿性粉剂

1 000倍液，或50％多·霉威可湿性粉剂1 000倍液，或40％百·霉威·霜脲可湿性粉剂1 000倍液等，以上药剂交替使用，每7～10天喷1次，连续防治2～3次。

（5）病毒病。用50％抗蚜威可湿性粉剂2 000～3 000倍液防治蚜虫；或10％吡虫啉可湿性粉剂2 000～2 500倍液，或40％乐果乳油800～1 000倍液防治蚜虫和葱蓟马，减少或杜绝病毒病传播蔓延。在发病初期，喷洒20％病毒A可湿性粉剂500倍液，或20％吗啉胍·乙铜可湿性粉剂500倍液，每7～10天喷1次，以上药剂交替使用，连续喷施2～3次。

3. 虫害防治

（1）葱蓟马。在若虫发生高峰期，喷洒10％吡虫啉可湿性粉剂2 000～2 500倍液，每7～10天喷1次，连续防治2～3次。

（2）葱蝇。定植前用50％辛硫磷乳油1 000～1 500倍液，或90％晶体敌百虫1 000倍液，或1.8％阿维菌素乳油5 000倍液，浸泡苗根部2分钟。成虫发病初盛期，用以上药剂喷雾，每7天喷1次，连续防治2～3次。幼虫发生初期，也用以上药剂灌根，但加水倍数缩减到喷雾时的60％。

（3）葱斑潜蝇。在成虫发生初盛期和幼虫潜叶为害盛期，用1.8％阿维菌素乳油2 000～3 000倍液，喷雾防治，每7天～10天喷1次，连续防治2～3次。

四、采收

1. 收获时期　收获的适宜时期是2/3以上的植株，假茎松软，地上部倒伏，下部1～2片叶枯黄，第3～4片叶尚带绿色，鳞茎外层鳞片变干。

2. 收获方法 选晴天收获。收获时连根拔起，整株放在栽培畦原地晾晒2～3天，用叶片盖住葱头，待葱头表皮干燥，茎叶柔软时编辫，于通风良好的防雨棚内挂藏；或于假茎基部1.5厘米左右处剪除地上部假茎，在阴凉避雨通风处堆藏。在收获和储藏过程中要避免损伤葱头。

五、生产档案的建立和记录

在生产过程中建立生产技术档案，详细记录产地环境、生产技术、病虫害防治和采收等相关内容，并保存2年以上。

无公害农产品萝卜
标准化生产技术

一、产地环境条件

产地应选择在生态条件良好，远离污染源，并具有可持续生产能力的农业生产区域。产地环境质量安全应符合《无公害农产品　种植业产地环境条件》（NY/T 5010—2016）的规定。

二、生产管理措施

（一）前茬

避免与十字花科蔬菜连作。

（二）土壤条件

地势平坦、排灌方便、土层深厚、土质疏松、富含有机质，保水、保肥性好的沙质土壤为宜。

（三）品种选择

1. 种子选择原则　选用抗病、优质丰产、抗逆性强、适应性广、商品性好的品种。

2. 种子质量　种子纯度≥90%，净度≥97%，发芽率≥96%，水分≤8%。

（四）整地

早耕多翻，打碎耙平，施足基肥。耕地的深度根据品种而定。

（五）做畦

大个型品种多起垄栽培，垄高 20～30 厘米，垄间距 50～60 厘米，垄上种两行或两穴；中个型品种，垄高 15～20 厘米，垄间距 35～40 厘米；小个型品种多采用平畦栽培。

（六）播种

1. 播种量 大个型品种每亩用种量为 0.5 千克；中个型品种每亩用种量为 0.75～1.0 千克；小个型品种每亩用种量为 1.5～2.0 千克。

2. 播种方式 大个型品种多采用穴播；中个型品种多采用条播方式；小个型品种可用条播或撒播方式。播种时有先浇水播种后盖土和先播种盖土后再浇水两种方式。平畦撒播多采用前者，适合寒冷季节；高垄条播或穴播多采用后者，适合高温季节。

3. 种植密度 大个型品种行距株距 20～30 厘米；中个型品种行距株距 15～20 厘米；小个型品种可保持 8～10 厘米。

（七）田间管理

1. 间苗定苗 早间苗、晚定苗，萝卜不宜移栽，也无法补苗。第一次间苗在子叶充分展开时进行，当萝卜具 2～3 片真叶时，开始第二次间苗；当具 5～6 片真叶、肉质根破肚时，按规定的株距进行定苗。

2. 中耕除草与培土 结合间苗进行中耕除草。中耕时先浅后深，避免伤根。第 1～2 次间苗要浅耕，锄松表土，最后一次深耕，并把畦沟的土壤培于畦面，以防止倒苗。

3. 浇水 浇水应根据作物的生育期、降雨、温度、土质、地下水位、空气和土壤湿度状况而定。

①发芽期。播后要充分灌水，土壤有效含水量宜在80％以上，北方干旱年份，夏秋萝卜采取"三水齐苗"，即播后二水，拱土一水，齐苗一水。以防止高温发生病毒病。

②幼苗期。苗期根浅，需水量小。土壤有效含水量宜在60％以上。遵循"少浇勤浇"的原则。

③叶生长盛期。此期叶数不断增加，叶面积逐渐增大，肉质根也开始膨大，需水量大，但要适量灌溉。

④肉质根膨大盛期。此期需水量最大，应充分均匀浇水，土壤有效含水量宜在70％～80％。

4. 施肥

①施肥原则。按《肥料合理使用准则 通则》（NY/T 496—2010）执行。不使用工业废弃物、城市垃圾和污泥。不使用未经发酵腐熟、未达到无害化指标、重金属超标的人畜粪尿等有机肥料。

②施肥方法。结合整地，施入基肥，基肥量应占总肥量的70％以上。根据土壤肥力和生长状况确定追肥时间，一般在苗期、叶生长期和肉质根生长盛期分两次进行。苗期、叶生长盛期以追施氮肥为主，施入氮磷钾复混肥15千克；肉质根生长盛期应多施磷钾肥，施入氮磷钾复混肥30千克。收获前20天内不应使用速效氮肥。

（八）病虫害防治

1. 农业防治 选用抗（耐）病优良品种；合理布局，实行轮作倒茬，提倡与高秆作物套种，清洁田园，加强中耕除草，降低病虫源数量；培育无病虫害壮苗。

2. 药剂防治 药剂使用的原则和要求：禁止使用国家明令禁止的高毒、剧毒、高残留的农药及其混配农药品种。禁止使用的高毒、剧毒农药品种有：甲胺磷、甲基对硫磷、对硫磷、久效磷、磷胺、甲拌磷、甲基异柳磷、特丁硫磷、甲基硫环磷、治螟磷、内吸磷、克百威、涕灭威、灭线磷、硫环磷、蝇毒磷、地虫硫磷、氯唑磷、苯线磷、六六六、滴滴涕、毒杀芬、二溴氯丙烷、杀虫脒、二溴乙烷、除草醚、艾氏剂、狄氏剂、汞制剂、砷、铅类、敌枯双、氟乙酰胺、甘氟、毒鼠强、氟乙酸钠、毒鼠硅等农药。

3. 病虫害防治方法

（1）病毒病。发病初期可叶面喷施植病灵 1 000 倍液，或病毒 A500 倍液，或 20％病毒净 400～600 倍液喷雾。一般苗期每 7～10 天喷 1 次，连喷 3～4 次。

（2）霜霉病。发病初期可用 40％乙磷铝 300 倍液，或 25％瑞毒霉 800 倍液，或 64％噁霜锰锌可湿性粉剂 500 倍液，或霜霉威 600～1 000 倍液进行叶面喷施，一般每隔 7～10 天 1 次，连喷 2～3 次。

（3）软腐病。及时防治地下害虫。发病严重的地块，在根际周围撒石灰粉，每亩撒 60 千克，可防止病害流行。发病初期可用 150 倍液的农抗 120，或农用链霉素 10 000 倍液，或新植霉素 5 000 倍液进行喷雾或灌根，每 7～10 天 1 次，连续～3 次。

（4）黑斑病。发病初期可用 75％百菌清可湿性粉剂 600 倍液，或 50％异菌脲可湿性粉剂 1 000 倍液，或 50％腐霉利可湿性粉剂 1 500 倍液，或 58％甲霜灵锰锌可湿性粉剂 500 倍液，交替喷雾，每隔 7～10 天喷 1 次，连喷 2～3 次。

（5）黄萎病。发病初期用 50％多菌灵可湿性粉剂 800～1 000 倍液灌根，每株灌液 250 克左右。

（6）菜粉蝶。在幼龄期及时喷药。常用的药剂有苏云金杆菌 500～1 000 倍液，或 BT 乳剂每亩用药 100 克，或灭幼脲 1 号、灭幼脲 3 号 500～1 000 倍液，或菊杀乳油 2 000～3 000 倍液，或 2.5％溴氰菊酯 2 500～4 000 倍液，交替使用，每 5～7 天喷 1 次，连喷 2～3 次。

（7）菜蛾。在 1～2 龄幼虫发生期，可用抑太保乳油 2 000 倍液，或 90％敌百虫 800 倍液，或 2.5％溴氰菊酯乳油 6 000～8 000倍液，或杀螟杆菌 800～1 000 倍液，交替使用，每 5～7 天喷 1 次，连喷 2～3 次。

（8）菜螟。同菜粉蝶的防治。

（9）菜蚜。可用 50％抗蚜威每亩 20～30 克，或菊马乳油 2 000～3 000 倍液，或氰马乳油 6 000 倍液，交替使用。保护地栽培每亩可用 22％敌敌畏烟剂 0.5 千克熏烟，进行防治。

（10）甘蓝夜蛾。发生初期，可用 5％抑太保乳油，或 20％灭幼脲 1 号 500～1 000 倍液，或 50％辛硫磷乳油，或 50％杀螟松乳油 1 000～1 500 倍液，或 40％菊马乳油 2 000～3 000 倍液进行叶面喷雾，交替使用，每 7～10 天喷雾 1 次。

4. 合理混用、轮换、交替用药，防止和推迟病虫害抗性的产生和发展。

（九）采收

根据市场需要和生育期及时收获。

三、生产档案的建立和记录

在生产过程中建立生产技术档案，详细记录产地环境、生产技术、病虫害防治和采收等相关内容，并保存 2 年以上。

无公害农产品日光温室番茄标准化生产技术

一、产地环境条件

产地应选择在生态条件良好，远离污染源，并具有可持续生产能力的农业生产区域。产地环境质量安全应符合《无公害农产品　蔬菜产地环境条件》（NY/T 5010—2016）的规定。宜选用山东Ⅳ、山东Ⅴ（寿光）型日光温室。

二、栽培季节

一般7月下旬至8月下旬播种育苗，8月下旬至9月下旬定植。12月开始采摘，采收期6个月以上。

三、品种选择

选用耐低温弱光，连续结果能力强，优质、高产、耐储运、商品性好，抗病特别是抗黄化曲叶病毒病和叶霉病的品种。

四、播前准备

（1）清洁田园。清除前茬作物的残枝烂叶及病虫残体。

（2）温室消毒。病虫害发生不重的温室，每亩用硫黄粉2～3千克加敌敌畏 0.25 千克，拌上锯末分堆点燃，密闭熏蒸一昼夜后放风。操作用的农具同时放入室内消毒。

（3）土壤消毒。根结线虫病等土传病害发生重的日光温室，可在 6 月下旬至 7 月下旬，每亩均匀撒施石灰氮（氰氨化钙）50～100 千克，4～6 厘米长的碎麦秸 600～1 300 千克。翻地或旋耕深度 20 厘米以上。起垄，垄高 30 厘米，宽 40～60 厘米，垄间距离 40～50 厘米，覆盖地膜，用土封严。膜下垄沟灌水至垄肩部。要求维持 20 厘米土层内温度达 37℃以上20 天，可有效防治根结线虫病及其他土传病害。

也可每亩用 98% 棉隆微粒剂 15～25 千克，均匀撒施田间，用旋耕犁翻耕，深度 20～25 厘米，使棉隆与需要消毒的耕作层全面均匀接触，然后覆盖厚度为 0.06 毫米以上厚度的塑料薄膜。棉隆在有水的情况下才能分解释放消毒气体。若土壤墒情不好，盖膜前要适量浇水或洒水，使土壤湿度达到60%～70%。覆膜时，用棚外新土封好膜边，使棉隆消毒气体不会扩散到地膜外，以利消毒，保持 10 厘米土壤温度 20℃以上连续 15 天以上。之后，揭膜松土透气，释放余下的有毒气体，松土透气 4～6 天，避免消毒气体残留过多，影响后茬作物生长。定植前可撒播白菜等发芽快的叶菜种子进行消毒地块发芽效果测试。石灰氮和棉隆都是有毒物质，操作时注意严格按要求操作。

五、育苗

近年来，蔬菜集约化育苗发展迅速，商品蔬菜苗质量高、抗病性强、苗齐苗壮，建议农户从育苗企业订购优质种苗。一家一户育苗应把握以下技术要点：

（1）育苗基质。可用肥沃大田土 6 份、腐熟农家肥 4 份，混合过筛。每立方米营养土加腐熟捣细的鸡粪 15 千克，氮磷钾三元复合肥（15－15－15）3 千克，50％多菌灵可湿性粉剂 100 克，充分混合均匀。将配制好的营养土装入营养钵或纸袋中，营养钵密排在苗床上。现在多采用基质穴盘育苗。

（2）种子处理。

①浸种。用 55℃温水浸种 10～15 分钟，要不断搅拌，当水温降至 30℃时停止搅拌，再浸泡 3～4 小时。

②药剂处理。用 10％磷酸三钠浸种 20 分钟，或用 50％多菌灵可湿性粉剂 500 倍液，浸种 30 分钟，用清水冲洗干净，再用温水浸种。

③催芽。浸好的种子置于 25～28℃条件下催芽。

（3）播种。60％的种子出芽即可播种。包衣种子可直接播种。

（4）苗床管理。高温季节，遮阳降温。1 叶 1 心时喷一遍助壮素。2～3 片真叶分苗。将幼苗分入事先准备好的分苗床，行距 12 厘米，株距 12 厘米；也可分入直径 10～12 厘米的营养钵中。分苗后缓苗期间，午间适当遮阳，白天床温 25～30℃。

（5）定植苗标准。叶色浓绿，无病虫危害，6 片叶，株高 20 厘米左右，茎粗 0.4 厘米左右，苗龄 25～30 天。穴盘育苗 4～5 片叶为宜。

六、整地施肥

定植前 10～15 天，施肥后深翻耙平。根据土壤肥力确定相应的施肥量和施肥方法，可以采用测土配方施肥或推荐施肥量。每亩推荐施肥量：7～8 立方米腐熟农家肥或 5～6 立方米腐熟鸡粪，50～60 千克氮磷钾三元复合肥（15-15-15），80 千克过磷酸钙。高肥力的土壤取下限，低肥力的土壤取上限。

七、定植

采用大小行、小高垄方式栽植。大行距 90 厘米，小行距 60 厘米，起小高垄，底宽 40 厘米左右，高 20 厘米。株距 35～40 厘米，每亩定植 2 000～2 200 株。栽苗后，浇透水。为防止茎基腐病发生，暂不覆盖地膜。

八、定植后管理

（1）冬前及越冬期间管理。

①温湿度管理。缓苗前，白天室温 28～30℃，夜间 17～20℃，地温不低于 15℃，以促进缓苗。缓苗后，适当降低室温，白天 22～26℃，夜间 15～18℃。晴天，午间温度达 30℃ 时，可开天窗放风。若天气晴好，室内湿度较大时，可于揭苫后随即放风 30～40 分钟，然后盖严放风口。

②不透明覆盖物管理。上午揭草苫的适宜时间，以揭开草苫后室内气温无明显下降为准。晴天时，阳光照到采光屋面时及时揭开草苫。注意清洁薄膜，保持较高的透光率。下午室温降至 20℃ 左右时盖苫。深冬季节，草苫可适当晚揭早盖。一般雨雪天，室内气温只要不下降，就应揭开草苫。大雪天，及时清扫积雪，可于中午短时揭开或随揭随盖。连续阴天时，可于午前揭苫，午后早盖。久阴乍晴时，要陆续间隔揭开草苫，

不能猛然全部揭开，以免叶面灼伤。揭苫后若植株叶片发生萎蔫，应再盖苫。待植株恢复正常，再间隔揭苫。

③植株调整。单干整枝，当杈长到5厘米左右长时要及时打掉，当植株长到30厘米高时要及时吊秧、绑秧。

④肥水管理。缓苗后到坐果前，要控制浇水，多次中耕，以促根控秧，防止植株茎叶旺长。第一花序的果似核桃大时，在畦侧开沟，每亩施氮磷钾三元复合肥（15-15-15）30～40千克，覆土后再覆盖地膜，并于膜下浇水，尽量浇透。深冬期间少浇水，若植株表现缺水时，可选好天于高畦中间膜下浇水，随水每亩冲施尿素15千克、硫酸钾10千克。

⑤保花保果。第一花序坐果前后，为防止低温引起落花落果，可用30～40毫克/千克的防落素喷花。果坐住后，适当疏花疏果，每个果穗留3～4个果。

（2）越冬后管理。

①温、光管理。2月中旬以后，随日照时数逐渐增加，适当早揭草苫、晚盖草苫，尽量延长植株见光时间。及时进行放风。晴天时，上午温度控制在25～28℃，下午25～20℃，夜间20～15℃。阴雨天，白天温度控制在25～20℃，夜间15～10℃。

②肥水管理。2月中旬至3月中旬，15天左右浇一次水，随水每亩冲施氮磷钾三元复合肥（15-15-15）20千克。3月中旬之后，7～10天浇一水，不浇空水，随水每次亩施氮磷钾三元复合肥（15-15-15）10千克。

③植株调整。及时打老叶，并适时落蔓，留足果穗后及早打顶。也可以采用连续摘心整枝法进行整枝。

九、病虫害防治

（1）防治原则。坚持"预防为主，综合防治"的植保方针，优先采用农业防治、物理防治、生物防治措施，辅以化学防治。

（2）主要病虫害。猝倒病、病毒病、灰霉病、叶霉病、晚疫病、蚜虫、烟粉虱、斑潜蝇等。

（3）农业防治。选用高抗多种病害的品种；实行 3 年以上的轮作；收获后及时清理田园；培育壮苗、合理浇水、增施充分腐熟的有机肥。

（4）物理防治。在通风口设置 40 目尼龙网纱；室内每亩悬挂 25 厘米×40 厘米的黄板 30～40 块，诱杀蚜虫、白粉虱、斑潜蝇等害虫，悬挂高度与植株顶部持平或高出 5～10 厘米。

（5）生物防治。发病初期，可用 2%宁南霉素水剂 200～250 倍液，喷雾防治病毒病；用 0.15%梧宁霉素水剂 800～1 000倍液，或 2%武夷菌素水剂 150～200 倍液，喷雾防治灰霉病；用 1.8%阿维菌素乳油 2 000～3 000 倍液，或 0.3%印楝素乳油 1 000～1 500 倍，或 1%苦参碱水剂 600 倍液，或 1.2%烟参碱液 500～800 倍液，喷雾防治蚜虫、白粉虱、斑潜蝇。

（6）化学防治。

①农药使用原则。严禁使用高毒、剧毒、高残留农药，注意各种药剂交替使用，严格控制各种农药安全间隔期，采收前 7 天严禁使用化学杀虫剂。

②猝倒病。发病初期，可用 72%霜脲氰可湿性粉剂 1 000

倍液，或 15％恶霉灵水剂 450 倍液，喷雾或灌根防治。

③病毒病。在发病初期，可用 1.5％植病灵 1 000 倍液，或 20％病毒 A 可湿性粉剂 500 倍液，或 5％菌毒清水剂 200～300 倍液，或高锰酸钾 1 000 倍液与 1.8％复硝酚钠 6 000 倍混合液，喷雾防治。

④灰霉病。在发病初期，可用 50％嘧菌酯可湿性粉剂 3 000倍液，或 40％嘧霉胺可湿性粉剂 800～1 200 倍，50％异菌脲可湿性粉剂 1 000～1 500 倍液，喷雾防治。用激素蘸花时，可在药液中加入 0.1％的 50％腐霉利可湿性粉剂。

⑤叶霉病。在发病初期，可选用 10％苯醚甲环唑水分散颗粒剂 1 500～2 000 倍液，或 40％氟硅唑乳油（福星）6 000～8 000倍液，喷雾防治。

⑥晚疫病。发病初期，可用 18.7％的烯酰·吡唑酯水分散粒剂 600～800 倍液，或用 72％霜脲氰锰锌可湿性粉剂 600～800倍液，或 69％烯酰吗啉锰锌可湿性粉剂 800 倍液，或 58％甲霜灵锰锌可湿性粉剂 800～1 000 倍液，或用 60％吡唑醚菌酯水分散粒剂 1 000～1 500 倍，喷雾防治。

⑦蚜虫、白粉虱、斑潜蝇。可用 50％吡蚜酮水分散粒剂 2 500～3 000 倍液，或 2.5％溴氰菊酯乳油 2 500 倍液，或 4.5％高效氯氰菊酯乳油 2 000 倍液，喷雾防治，还可兼治棉铃虫、甜菜夜蛾。

⑧烟粉虱。可选用 25％噻虫嗪水分散粒剂 7 000 倍液，或 20％噻嗪酮可湿性粉剂 1 500 倍液，或 2.5％联苯菊酯乳油 2 000～3 000 倍液，或 10％高效氯氰菊酯乳油 2 000～3 000倍液，或 20％甲氰菊酯乳油 2 000 倍液，喷雾防治。

十、采收

远途运输的于果实转色期至半熟期采收，耐储运品种也可于果实半熟期至坚熟期采收。

十一、建立生产档案

在生产过程中建立生产技术档案，详细记录产地环境、生产技术、病虫害防治和采收等相关内容，并保存 2 年以上。

无公害农产品日光温室黄瓜标准化生产技术

一、产地环境条件

产地应选择在生态条件良好，远离污染源，并具有可持续生产能力的农业生产区域。产地环境质量安全应符合《无公害农产品 种植业产地环境条件》（NY/T 5010—2016）的规定。宜建造结构合理、性能优良的山东Ⅳ、山东Ⅴ（寿光）型日光温室。

二、栽培季节

一般9月上旬至10月上旬播种，11月开始采摘，采收期6个月以上。

三、品种选择

黄瓜应选用抗病、抗逆性强、耐低温弱光、优质、高产、商品性好、适合市场需求的品种；砧木应选用根系发达，抗根部病害，抗逆性强，与接穗亲和力强，对接穗品质无影响或影响较小的品种。

四、育苗

近年来，蔬菜集约化育苗发展迅速，商品蔬菜苗质量高、抗病性强、苗齐苗壮，建议农户从育苗企业订购优质种苗。一家一户育苗应把握以下技术要点：

（1）育苗设施。选择塑料拱棚、日光温室或连栋温室为育苗设施，采用穴盘育苗。

（2）种子处理。将黄瓜种子用 55℃ 的温水浸种 20 分钟，并不断搅拌，水温降至 30℃ 停止搅拌，继续浸种 4 小时。再用 50% 多菌灵可湿性粉剂 500 倍液浸种半小时，捞出洗净，待催芽。将浸好种子置于 28～30℃ 保温保湿环境下催芽。包衣种子一般直接播种。

将砧木种子投入到 70℃ 的热水中，来回倾倒，当水温降至 30℃ 时，搓洗种皮上的黏液，继续在 30℃ 温水中浸泡 4～5 小时。然后在 1 000 倍的高锰酸钾溶液中浸泡半小时，捞出冲净，在 30℃ 左右条件下催芽。

（3）播种。

①播种量。一般每亩栽培面积育苗用种量 100～150 克。每平方米播种床用种 25～30 克。

②播种方法。黄瓜种子 70% 以上露白时即可播种。砧木的种子 50% 以上露白时，挑露白的种子播种。砧木的播期比黄瓜早播 4～5 天。

（4）嫁接方法。一般采用插接法。嫁接在育苗设施内进行。嫁接前要将所用的竹签、刀片和手等用 70% 的酒精消毒。一盘苗嫁接完毕，立即将苗盘整齐排列在苗床中，盖好地膜保湿。

（5）嫁接后的管理。

①湿度。嫁接后前 3 天，苗床空气相对湿度应保持在 90%～95%。3 天后，视苗情，开始由小到大、时间由短到长逐渐增加通风换气量和换气时间。7～10 天后，嫁接苗不再萎蔫可逐渐去掉薄膜，转入正常管理，室内空气湿度控制在 70%左右。

②温度。嫁接苗伤口愈合的适宜温度是 22～28℃，嫁接 6～7 天，嫁接苗床白天应保持 25～28℃，夜间 18～20℃，不应低于 18℃。7 天后，伤口愈合，嫁接苗转入正常管理，白天温度控制在 22～28℃，夜间 16～18℃，白天温度高于 30℃要降温，夜间低于 13℃要加温。

③光照。在棚膜上覆盖黑色遮阳网。嫁接 2～3 天，晴天可全日遮光，以后先逐渐增加早、晚见光时间，缩短午间遮光时间，直至完全不遮阳。嫁接后若遇阴雨天，光照弱，可不遮光。

④肥水。嫁接苗不再萎蔫后，转入正常肥水管理。视天气状况，5～7 天浇一次肥水，可选用保利丰、伊露丹等优质肥料。

⑤其他管理。及时剔除砧木长出的不定芽，保证接穗的健康生长，去侧芽时勿损伤子叶及接穗。嫁接苗定植前 3～5 天，降低温度，减少水分，增加光照时间和强度，进行炼苗。

五、定植

（1）整地施肥。结合整地，每亩施腐熟优质农家肥 5～6 立方米、腐熟饼肥 100～150 千克、氮磷钾三元复合肥（18 - 8 - 18）50 千克，深耕耙细。做小高畦，小垄高 15 厘米，垄底宽 30 厘米，小垄间距 20 厘米，大垄间距 50 厘米。定植前 20 天，同时做好排水沟。

（2）定植方法。采用大小行定植。大行 70 厘米左右，小行 50 厘米左右。选择晴天上午定植。先在垄上开沟，顺沟浇透水，然后趁水未渗下，按株距 25～30 厘米放苗，水渗下后封沟。一般每亩定植 4 000～4 400 株。定植 4～5 天后，再在大垄及小垄沟内灌水。

六、定植后管理

（1）冬前和冬季管理。

①温、湿度。定植后缓苗前不放风，保持白天室温 28～30℃，夜间 15～20℃。若遇晴暖天气，中午可用草苫适当遮阳。缓苗后至结瓜前，以锻炼植株为主，控制浇水，暂不覆盖地膜，要多次中耕，以促根控秧。白天室温 25～28℃，夜间 12～15℃，中午前后不要超过 30℃。此期间要加强放风散湿，夜间可在温室顶部留放风口。

进入结瓜期，室温须按变温管理，上午室内气温控制在 25～30℃，超过 28℃放风；下午 25～20℃；上半夜 20～15℃；下半夜 15～12℃。深冬季节（即 12 月下旬至翌年 2 月中旬）晴天时可控制较高温度，实行高温养瓜，室内气温达 30℃以上时可放风。深冬季节外界温度低，可在晴天揭苫后或中午前后短时放风，以散湿换气。

②不透明覆盖物。一般晴天时，阳光照到采光屋面时及时揭开草苫。下午室温降至 20℃左右时盖苫。深冬季节，草苫可适当晚揭早盖。雨雪天，室内气温如不下降，就应揭开草苫。大雪天，可在清扫积雪后于中午短时揭开或随揭随盖。连

续阴天时，可于午前揭苫，午后早盖。久阴乍晴时，要陆续间隔揭开草苫，不能猛然全部揭开，以免叶面灼伤。揭苫后，若植株叶片发生萎蔫，应再盖苫。待植株恢复正常，再间隔揭苫。

③肥水。定植至坐瓜前，不追肥。可结合喷药，叶面喷施0.3%磷酸二氢钾加0.2%尿素溶液1～2次。当植株有8～10片叶、第一瓜10厘米时，开浅沟，每亩追施氮磷钾三元复合肥（18-8-18）30～35千克，扶平垄面，覆盖地膜，于膜下浇水。冬季期间，每15～20天追肥一次，每亩施氮磷钾三元复合肥（18-8-18）15～20千克或腐熟饼肥70千克，施肥后浇水。水分管理上，除结合追肥浇水外，从定植到深冬季节，以控为主，如部分植株表现缺水现象，及时在膜下浇小水，下午提前盖苫，翌日及以后几天加强放风。

④光照。采用无滴膜覆盖，注意合理密植和植株调整，经常清扫薄膜上的碎草和尘土。

⑤植株调整。7～8节以下不留瓜，促植株生长健壮。用尼龙绳或塑料绳吊蔓，"S"形绑蔓，及时落蔓，使龙头离地面始终保持在1.5～1.7米。随绑蔓将卷须、雄花及下部的侧枝去掉。深冬季节，对瓜码密、易坐瓜的品种，适当疏掉部分幼瓜或雌花，一般每隔两节留一瓜。

（2）春季管理。

①温度。2月下旬后，黄瓜进入结瓜盛期，要注意放风，调节室内温湿度，一般白天温度控制在28～30℃，夜间13～18℃，温度过高时及时放风。当夜间室外最低温度达15℃以上时，不再盖草苫，可昼夜放风。

②水肥。2月下旬后，结合浇水，每10～15天左右冲施一次化肥，以尿素和氮磷钾三元复合肥（18-8-18）为主，

每次亩用尿素 15～20 千克或氮磷钾三元复合肥（18 - 8 - 18）20～30 千克；也可用尿素 10 千克、硫酸钾 10 千克或腐熟的豆饼 60～70 千克。后期可用 0.3％的尿素或磷酸二氢钾进行叶面追肥，壮秧防早衰。

③打底叶。每株应留功能叶片数为 12～15 片。结瓜后期要及时摘除病叶、老叶、畸形瓜，改善通风透光条件。

七、病虫害防治

（1）防治原则。按照"预防为主，综合防治"的植保方针，以农业防治、物理防治、生物防治为主，化学防治为辅。

（2）主要病虫害。霜霉病、细菌性角斑病、白粉病、枯萎病、灰霉病、蔓枯病、根结线虫、蚜虫、白粉虱、斑潜蝇等。

（3）农业防治。选用抗病性、适应性强的优良品种；实行 3 年以上的轮作；勤除杂草；收获后及时清洁田园；培育壮苗，合理浇水，增施充分腐熟的有机肥，提高植株抗性。

（4）物理防治。

①黄板诱杀。棚内悬挂黄色黏虫板诱杀蚜虫等害虫。黄色粘虫板规格 25 厘米×40 厘米，每亩悬挂 30～40 块。

②高温闷棚。根结线虫病等土传病害发生重的温室可在 6 月下旬至 7 月下旬，每亩均匀撒施石灰氮（氰氨化钙）50～100 千克，4～6 厘米长的碎麦秸 600～1 300 千克。翻地或旋耕深度 20 厘米以上。起垄，垄高 30 厘米，宽 40～60 厘米，垄间距离 40～50 厘米，覆盖地膜，用土封严。膜下垄沟灌水至垄肩部。要求维持 20 厘米土层内温度达 37℃以上 20 天，可有效防治根结线虫病及其他土传病害。

（5）生物防治。可用 1％农抗武夷菌素 150～200 倍液，或普力威 500～800 倍液，喷雾防治霜霉病、白粉病、灰霉病；可用 3％克菌康可湿性粉剂 1 000 倍液，喷雾防治炭疽病；可用 1％的武夷霉素水剂 150～200 倍液，喷雾防治灰霉病；可用 0.15％梧宁霉素可湿性粉剂 3 000～4 000 倍液，或 100 万单位新植霉素粉剂 3 000 倍液，喷雾防治叶枯病等细菌性病害；可用 0.9％～1.8％阿维菌素乳油 1 000～2 000 倍液，喷雾防治蚜虫、叶螨、斑潜蝇。

（6）化学防治。

①农药使用原则。严禁使用剧毒、高毒、高残留农药和国家规定在无公害农产品蔬菜生产上禁止使用的农药。交替使用农药，并严格按照农药安全使用间隔期用药。

②霜霉病。发病初期，可用 25％的嘧菌酯悬浮剂 1 500 倍液，或 68.5％氟吡菌胺·双霉威盐酸盐（银发利）悬浮剂 1 000～1 500 倍液，或 50％烯酰吗啉可湿性粉剂 2 000～2 500 倍液，喷雾防治。

③灰霉病。在发病初期，可用 50％嘧菌酯可湿性粉剂 3 000 倍液，或 40％嘧霉胺可湿性粉剂 800～1 200 倍，或 50％扑海因可湿性粉剂 1 000～1 500 倍液，喷雾防治。

④白粉病。可用 40％氟硅唑乳油 8 000～10 000 倍液，或 10％苯醚甲环唑水分散粒剂 1 500～2 000 倍液，喷雾防治。

⑤疫病。发病初期，可用 18.7％的烯酰·吡唑酯水分散粒剂 600～800 倍液，或 60％吡唑醚菌酯水分散粒剂 1 000～1 500倍液，或 20％噻菌铜悬浮剂 500 倍液，或 68.5％氟吡菌胺·双霉威盐酸盐悬浮剂 1 000～1 500 倍液，喷雾防治。

⑥炭疽病。可用 52.5％恶唑菌酮·锰锌水分散粒剂 1 500～2 000 倍液，或 62.5％腈菌唑·锰锌可湿性粉剂 1 000～1 500 倍液，或 10％苯醚甲环唑水分散粒剂 2 000 倍液，或 25％咪鲜胺

乳油 1 500 倍液，喷雾防治。

⑦蚜虫、白粉虱。可用 50％吡蚜酮水分散粒剂 2 500～3 000倍液，或 25％噻虫嗪水分散粒剂 2 500～3 000 倍液，或40％啶虫脒水分散粒剂 1 000～2 000 倍液，喷雾防治。

⑧斑潜蝇。可 50％辛硫磷乳油 1 000 倍液，或 2.5％溴氰菊酯或氰戊菊酯乳油 2 000～3 000 倍液，喷雾防治。

八、采收

适时早采摘根瓜，防止坠秧，以后及时分次采收。

九、建立生产档案

在生产过程中建立生产技术档案，详细记录产地环境、生产技术、病虫害防治和采收等相关内容，并保存 2 年以上。

无公害农产品拱棚韭菜
标准化生产技术

一、产地环境条件

产地应选择在生态条件良好，远离污染源，并具有可持续生产能力的农业生产区域。产地环境质量安全应符合《无公害农产品　种植业产地环境条件》（NY/T 5010—2016）的规定。

二、栽培季节

一般春播。3 月上中旬至 4 月中下旬均可播种，6 月上中旬至 7 月中下旬定植。

三、品种选择

选用抗病、抗寒、分蘖力强、品质好的品种。

四、育苗

（1）选择地块。选择排灌方便、土层深厚、疏松肥沃、3 年以上未种过葱蒜类蔬菜的地块。

（2）整地、施肥、做畦。播种前 10～20 天，深耕 20～30 厘米，整平耙细，做畦。畦内施肥，每亩施腐熟、捣细的优质圈肥 8 立方米，氮磷钾三元复合肥（16 - 8 - 18）50 千克。

（3）播种。选用新种子。直播时，多采用条播法，亩用种 3～4 千克；育苗移栽时，多采用撒播法，亩用种 4～5 千克。播种前浇透水，待水渗下后将种子均匀播下，播后盖土 2 厘米左右。

（4）苗期管理。出苗前 2～3 天浇一水，保持土表湿润。从齐苗到苗高 16 厘米，7 天左右浇一小水，结合浇水，每亩追施尿素 10 千克。雨季及时排水防涝。直播的，立秋后，开浅沟追施氮磷钾三元复合肥（16 - 8 - 18）25 千克，或腐熟的豆饼 150 千克，施入后再浇水。苗期一般不收割，以促苗养根。出苗后及时清除杂草。

五、定植

（1）施肥做畦。每亩施充分腐熟的圈肥 5～6 立方米，氮磷钾三元复合肥（16 - 8 - 18）50～60 千克，深翻整地做畦，畦向东西，畦宽视栽培习惯和薄膜幅宽而定，一般畦宽 1.5 米左右。

（2）定植方法。定植时，将韭菜苗起出，剪去须根先端，留 2～3 厘米，以促进新根发育；再将叶子先端剪去一段，以减少叶面蒸腾。在畦内按行距 20 厘米左右，穴距 10～12 厘米栽植，每穴栽苗 15～20 株，栽培深度以不埋住分蘖节为宜。

六、定植后管理

（1）覆盖前的管理。定植后连浇两水，及时划锄 2～3 次，进行蹲苗。雨季及时排涝。秋季气温下降后，减少浇水，保持土壤表面不干即可。夏季在韭菜畦内支架，防止因韭菜生长旺盛而发生倒伏霉烂。韭菜生长过程中，及时拔除杂草。苗高35厘米以下，每亩追施腐熟圈肥500千克；苗高35厘米以上，每亩追施腐熟圈肥800千克，尿素10千克或氮磷钾三元复合肥（16-8-18）10千克。

（2）适时覆盖。覆盖前将枯叶搂净，将部分畦土起出，露出根茎，再用竹签将根茎间的土剔出，用药防治韭蛆。把畦土晾晒7天左右，再掺入腐熟好的豆饼500千克/亩，混匀后回填。然后插棚架，覆盖薄膜，加盖草苫。一般在收获前40～45天扣棚。

（3）覆盖后的管理。

①温湿度管理。棚温白天控制在20～25℃，不超过30℃；棚温达到28℃时，在畦子后面或棚两头适当开口放风，降温散湿。夜间不低于6～8℃。根据棚内温度和天气情况及时揭盖草苫。

②光照管理。韭菜未出土前，草苫晚揭（草苫上的霜雪化后）、早盖（下午3～4时）。韭菜出土后，草苫早揭晚盖，延长见光时间，增加产量。雨雪天气，雨住雪停后，及时清扫草苫上的积水、积雪并揭开。连阴天也应适当揭开草苫让韭菜见散射光。韭菜收割三刀，天气逐渐转暖，可撤去覆盖物。及时将薄膜上的尘土、碎草扫净，增加透光率。

③培土。随韭菜的生长，将晾干、晒暖的细土分次培于韭菜基部，软化韭白，提高韭菜品质。

（4）收割后的管理。每次收割后，把韭茬深划锄一遍，将周边土锄松，2～3天后韭菜伤口愈合、新叶快出时，每亩施尿素10千克，氮磷钾三元复合肥（16-8-18）10千克，施肥后浇透水。从第二年开始，每年必须进行一次培土，以解决韭菜跳根问题。

七、病虫草害防治

（1）防治原则。按照"预防为主，综合防治"的植保方针，以农业防治、物理防治、生物防治为主，化学防治为辅。

（2）主要病虫害。疫病、灰霉病、韭蛆、潜叶蝇等。

（3）农业防治。实行轮作换茬；增施腐熟有机肥、磷肥和微肥；及时清除病叶、病株；合理浇水，雨季及时排涝；经常清洁棚膜，及时放风降湿，控制好温湿度。

（4）物理防治。

①糖醋诱杀。按糖＋醋＋酒＋水＋90％敌百虫晶体3＋3＋1＋10＋0.6比例配成溶液，每亩放置2～3盆，随时添加，保持不干，诱杀韭蛆成虫。

②粘虫板诱杀。在韭菜棚内每20平方米悬挂一块20厘米×30厘米的粘虫板，诱杀韭蛆成虫。

③设施防护。在通风口设置40目的防虫网，防止韭蛆成虫、斑潜蝇侵入危害。

（5）生物防治。可用1％农抗武夷菌素水剂150～200倍液，或用10％多抗霉素可湿性粉剂600～800倍液，或木霉菌（2亿活孢子/克）可湿性粉剂600～800倍液，喷雾防治灰霉病。可用5％除虫菊素乳油1 000～1 500倍液，喷雾防治韭蛆成虫、斑潜蝇。可用1.1％苦参碱粉剂400倍液，灌根防治韭蛆。

（6）化学防治。

①农药使用原则。严格执行国家有关规定，禁止使用剧毒、高度、高残留农药。农药用交替使用，严格按照农药安全

间隔期用药。

②疫病。发病初期，可用 18.7％的烯酰·吡唑酯水分散粒剂 600～800 倍液，或 60％吡唑醚菌酯水分散粒剂 1 000～1 500倍液，或 20％噻菌铜悬浮剂 500 倍液，或 68.5％氟吡菌胺·双霉威盐酸盐悬浮剂 1 000～1 500 倍液，喷雾防治。

③灰霉病。发病初期，可用 50％腐霉利可湿性粉剂 1 000～1 500 倍液、50％嘧菌酯可湿性粉剂 3 000 倍液，喷雾防治。

④韭蛆。防治幼虫，可在韭蛆发生盛期前 5 天左右进行施药，采用 50％辛硫磷乳油 1 500 倍液灌根。

⑤斑潜蝇。在产卵盛期至幼虫孵化初期，用 50％吡蚜酮水分散粒剂 2 500～3 000 倍液，或 25％噻虫嗪水分散粒剂 2 500～3 000倍液，或 40％啶虫咪水分散粒剂 1 000～2 000 倍液，或 50％灭蝇胺可湿性粉剂 2 500～3 500 倍液，喷雾防治。

⑥杂草。苗期，每亩可用 1.8％高效氟吡甲禾灵乳油 15～20 毫升，或 15％精氟禾草灵乳油 40～50 毫升，兑水 50～60 千克喷雾。

八、收割

当株高达到 30 厘米时，可根据市场需求随时收割。收割时，先将畦内覆土取出一部分，然后用韭刀贴近畦面收割，要求刀口深浅一致，切勿损伤鳞茎盘。

九、建立生产档案

在生产过程中建立生产技术档案，详细记录产地环境、生产技术、病虫害防治和采收等相关内容，并保存 2 年以上。

无公害农产品塑料大棚
西瓜标准化生产技术

一、产地环境条件

产地应选择在生态条件良好，远离污染源，并具有可持续生产能力的农业生产区域。产地环境质量安全应符合《无公害农产品　种植业产地环境条件》（NY/T 5010—2016）《设施蔬菜产地环境条件》的规定。

二、育苗

（1）品种选择。选用耐低温、耐弱光、耐湿、抗病、高产、优质的品种。嫁接栽培砧木选用瓠瓜或南瓜品种。

（2）种子质量。符合《瓜菜作物种子　第 1 部分：瓜类》（GB 16715.1—2010）中杂交种二级以上指标。

（3）浸种。将种子放入 55℃ 的温水中，迅速搅拌 10～15 分钟，当水温降至 30℃ 左右时停止搅拌，有籽西瓜种子继续浸泡 8～10 小时，洗净种子表面黏液；无籽西瓜种子继续浸泡 1.5～2 小时，洗净种子表面黏液。做砧木用的瓠瓜种子常温浸泡 24 小时，南瓜种子在 28～30℃ 浸泡 4～6 小时。用 0.1%～0.2% 高锰酸钾或福尔马林 150 倍液，或 50% 多菌灵胶悬剂 500 倍液浸种 0.5～1 小时，可防预防枯萎病。用 10%

磷酸三钠溶液浸种 10 分钟，可预防病毒病。

（4）催芽。将浸好的有籽西瓜种子用湿布包好后放在 28～30℃的条件下催芽；将浸好的无籽西瓜种子用湿布包好后放在 33～35℃的条件下催芽，胚根（芽）长约 0.3 厘米时播种。瓠瓜和南瓜在 25～28℃温度下催芽，胚根长 0.5 厘米时播种。

（5）苗床建造。

①苗床选择。苗床应选择在距离定植地较近、背风向阳、地势较高的地方。一般在日光温室内育苗盘或营养钵育苗。

②营养土配制。一般用肥沃大田土 6 份，充分腐熟的厩肥 4 份，过筛后每立方米加入硫酸钾型复合肥 1.5～2 千克，50％的多菌灵可湿性粉剂 80 克拌匀备用。

（6）播种。

①播种时间。1 月上中旬播种。定植在大拱棚采取多层覆盖的适当早播，否则适当晚播。嫁接育苗提前 7～10 天播种。

②播种方法。选晴天上午播种。播种前浇足底水，随播种随盖细土，盖土厚度为 1.0～1.5 厘米，然后在畦面盖地膜；播种后立即在棚内搭架盖膜，夜间加盖草苫。

（7）嫁接。采用插接或靠接的方法进行嫁接。

（8）苗床管理。

①温度。出苗前苗床密闭，温度保持在 30～35℃。当有 70％左右的苗子出土时，于傍晚揭去畦面的地膜。第一片真叶出现前，温度控制在 20～25℃；第一片真叶展开后，温度控制在 25～30℃；定植前一周温度控制在 20～25℃。嫁接苗，嫁接后的前 2～3 天，白天温度控制在 25～28℃，进行遮光，不通风；嫁接后的 3～6 天，白天温度控制在 22～28℃，夜间温度控制在 18～20℃。以后按一般苗床的管理方法管理。

②湿度。苗床湿度以控为主，浇足底水的基础上不浇或少浇水，定植前5～6天停止浇水。嫁接育苗时，嫁接后的2～3天苗床密闭，使苗床内的空气湿度达到饱和状态；嫁接后的3～4天逐渐降低湿度，可在清晨和傍晚湿度高时通风排湿，并逐渐增加通风时间和通风量；嫁接10～12天后按一般苗床的管理方法进行管理。采用基质育苗的，应及时喷水。选晴天下午进行，喷水后及时通风。

③光照。幼苗出土后，尽可能增加光照。嫁接育苗，嫁接后的前两天，苗床遮光，第三天在清晨和傍晚除去覆盖物接受散射光各30分钟，以后逐渐增加光照时间，1周后只在中午前后遮光，10～11天后按一般苗床的管理方法管理。

④其他管理。无籽西瓜幼苗出土时，易发生"带帽"出土，及时摘除夹在子叶上的种皮。及时摘除砧木上萌发的不定芽。靠接法的嫁接苗嫁接后的第10～13天，从接口往下0.5～1.0厘米处将接穗的茎剪断清除。嫁接苗成活后，及时去掉嫁接夹或其他捆绑物。在育苗过程中要及时移动育苗钵（盘）。

三、整地施肥

（1）施肥原则。按《肥料合理使用准则 通则》（NY/T 496—2010）执行，限制使用含氯化肥。

（2）基肥。结合整地，每亩施优质有机肥（以优质腐熟猪厩肥为例）4 000～5 000千克，氮肥（N）6千克，磷肥（P_2O_5）3千克，钾肥（K_2O）7.3千克，或使用按此折算的复混肥料。有机肥，化肥全部施入瓜沟，肥料深翻入土，并与土壤混匀。

四、定植

当棚内 10 厘米土温稳定在 15℃以上、日平均气温稳定在 18℃以上即可定植。一般在 2 月上中旬，采取多层覆盖的适当早定植。定植前 10 天扣棚，5～7 天浇水造墒，2～3 天覆盖地膜。定植时挖穴浇稳苗水。定植时应保证幼苗茎叶和根系所带营养土块的完整，嫁接口应高出畦面 1～2 厘米。无籽西瓜幼苗定植时应按密植 8＋1 或 10＋1 的比例种植有籽西瓜品种作为授粉品种。

五、定植后管理

（1）缓苗期管理。及时查苗补苗。全覆盖栽培，定植后立即扣好棚膜，白天棚内气温保持在 30℃左右，夜间温度保持在 15℃左右。

（2）伸蔓期管理。

①温度。白天棚内温度保持在 25～28℃，夜间棚内温度保持在 13～18℃。

②水肥。缓苗后浇一次缓苗水，开花坐果前一般不再浇水，如确实干旱，可在瓜蔓长 30～40 厘米时浇一次小水。伸蔓初期，结合浇水每亩追施速效氮肥（N）5 千克，施肥时在瓜沟一侧离植株 15 厘米处开沟或挖穴施入。

③整枝。一般采用双蔓或三蔓整枝。主蔓长至 4～5 片叶打顶，保留 2～3 个侧蔓，其中 1 个为结瓜蔓，其余 2 个为营养蔓。留瓜前，结瓜蔓上的侧枝全部去掉，营养蔓不去侧枝。

（3）开花坐果期管理。

①温度。白天温度要保持在 30℃ 左右，夜间温度不低于 15℃。

②水肥。不追肥，严格控制浇水。当土壤墒情影响坐瓜时，可浇小水。

③人工辅助授粉。每天上午 9 点以前，用雄花的花粉涂抹在雌花的柱头上进行人工辅助授粉。无籽西瓜的雌花用有籽西瓜（授粉品种）的花粉进行人工辅助授粉。

④留瓜。待幼瓜生长至鸡蛋大小，开始褪毛时，进行选留瓜，一般选留主蔓第二或第三雌花坐瓜，每株只留一个发育良好的瓜。

（4）果实膨大、成熟期管理。

①温度。适时放风降温，棚内气温控制在 35℃ 以下，夜间温度不得低于 18℃。

②水肥。在幼瓜鸡蛋大小开始褪毛时浇第一次水，此后当土壤表面早晨潮湿、中午发干时再浇一次水，如此连浇 2～3 次水，每次浇水一定要浇足，当瓜定型后停止浇水。结合浇第一次水追施膨瓜肥，以速效化肥为主，每亩的施肥量为磷肥（P_2O_5）2.7 千克、钾肥（K_2O）5 千克，也可每亩追施饼肥 75 千克，化肥以随浇水冲施为主，尽量避免伤及西瓜的茎叶。

③其他管理。瓜停止生长后要进行翻瓜，翻瓜要在下午进行，顺一个方向翻，每次的翻转角度不超过 30°，每个瓜翻 2～3 次即可。

六、病虫害防治

（1）防治原则。按照"预防为主，综合防治"的植保方针，坚持以"农业防治、物理防治、生物防治为主，化学防治为辅"的无害化防治原则。

（2）主要病虫害。猝倒病、枯萎病、蔓枯病、病毒病、炭疽病、蚜虫。

（3）农业防治。

①选用抗病品种。根据当地主要病虫害的发生情况及连片重茬种植情况，有针对性地选用高抗多抗品种。

②健身栽培。采取嫁接育苗；培育适龄壮苗；坚持采用冬前挖沟风化冻垡；通过防风、增减覆盖、辅助加温等措施，控制好各生育时期的温湿度；清洁棚室；合理肥水管理。

（4）物理防治。大拱棚内悬挂黄色诱杀板，规格 25厘米×40厘米，每亩挂 30～40 块；铺设银灰色地膜；在通风口设置防虫网。

（5）生物防治。用 2％宁南霉素水剂 200～250 倍液，于病毒病发病前或发病初期喷雾防治；用 2％农抗 120 水剂3 000倍液喷雾或 150 倍液灌根防治猝倒病、枯萎病。

（6）化学防治。

①防治原则。严格执行国家有关规定，禁止使用剧毒、高度、高残留农药。农药使用应符合《农药合理使用准则》（GB/T 8321）的规定。农药用交替使用，严格按照农药安全间隔期用药。

②猝倒病。可用 72.2％霜霉威水剂 750～1 000 倍液，或72％霜脲锰锌可湿性粉剂 600～800 倍液喷雾防治，也可用72％霜脲锰锌可湿性粉剂 300 倍干细土撒于苗基部防治。

③枯萎病。定植时用 50％多菌灵可湿性粉剂 2 千克，拌细土 100 千克，施入定植穴内。也可用 50％多菌灵可湿性粉剂 500 倍液，或 70％甲基硫菌灵 1 000 倍液灌根 1 次，每穴250 毫升。

④蔓枯病。可用 70％甲基硫菌灵 800 倍液，或 64％噁霜锰锌可湿性粉剂 500 倍液喷雾。

⑤病毒病。及时喷药防治蚜虫、烟粉虱等传毒媒介。发现病毒病，立即拔除毒株，用 20％病毒 A 可湿性粉剂 500 倍液，或 1.5％植病灵乳剂 800～1 000 倍液，或 2％宁南霉素水剂 200～250 倍液喷雾，每 5～7 天防治 1 次。

⑥炭疽病。发病初期，用 75％百菌清可湿性粉剂 1 000 倍液，或 70％甲基硫菌灵 1 000 倍液喷雾防治。

⑦蚜虫。每亩用 50％抗蚜威可湿性粉剂 10 克兑水稀释，喷雾防治 1 次。

七、采收

根据各品种生育期天数，按照授粉时插排标记的日期采收。同时，根据销售地点的远近，确定采收成熟度。准备在当地销售的，应在完全成熟时采收；运往外地销售的，在不影响品质的前提下，适当早采收。

八、建立生产档案

在生产过程中建立生产技术档案，详细记录产地环境、生产技术、病虫害防治和采收等相关内容，并保存 2 年以上。